太阳能驱动甲烷重整反应

姚鑫 黄兴 著

本书数字资源

北 京

冶 金 工 业 出 版 社

2024

内 容 提 要

本书主要讲述太阳能驱动甲烷重整制氢原理，共分为4章，第1章为全书的主要介绍与太阳能技术、甲烷重整技术的简介；第2章为聚集辐照反应器性能介绍，包括热流密度计算、热性能、热应力等；第3章为聚集辐照下甲烷重整反应特性分析，包括热力学分析、结构优化；第4章为聚集辐照下甲烷重整反应机理介绍，包括机理分析、机理简化。

本书从基础知识到关键技术，从基本了解到分析，通过各个章节全面阐释了太阳能驱动甲烷重整制氢技术，既可以作为高等学校能源动力类等专业的参考书，也可以作为从事相关领域工作人员和工程技术人员的参考书。

图书在版编目（CIP）数据

太阳能驱动甲烷重整反应/姚鑫，黄兴著. —北京：冶金工业出版社，2024.1

ISBN 978-7-5024-9745-3

Ⅰ.①太…　Ⅱ.①姚…　②黄…　Ⅲ.①太阳能技术—应用—甲烷—重整反应　Ⅳ.①O623.11

中国国家版本馆 CIP 数据核字（2024）第 020934 号

太阳能驱动甲烷重整反应

出版发行	冶金工业出版社	**电　话**	（010）64027926
地　址	北京市东城区嵩祝院北巷 39 号	**邮　编**	100009
网　址	www.mip1953.com	**电子信箱**	service@mip1953.com

责任编辑　于昕蕾　美术编辑　彭子赫　版式设计　郑小利
责任校对　梅雨晴　责任印制　窦　唯

北京印刷集团有限责任公司印刷
2024 年 1 月第 1 版，2024 年 1 月第 1 次印刷
710mm×1000mm　1/16；11.25 印张；216 千字；169 页
定价 68.00 元

投稿电话　（010）64027932　投稿信箱　tougao@cnmip.com.cn
营销中心电话　（010）64044283
冶金工业出版社天猫旗舰店　yjgycbs.tmall.com
（本书如有印装质量问题，本社营销中心负责退换）

前　言

我国提出"双碳"战略目标，即二氧化碳排放力争于2030年达到峰值，努力争取2060年实现碳中和。目前我国以化石燃料供能为主，优化能源结构是实现国家"双碳"战略目标的重要保障。氢气具有燃烧热值高、能量密度大、清洁无污染的特点，因此被誉为未来的清洁能源，利用其替代化石燃料可实现能源绿色发展。甲烷重整制氢产量高、对环境无污染，是目前最广泛的制氢方式。但是甲烷重整反应能耗大，传统甲烷水蒸气重整制氢过程采用电加热的方式进行，然而电能为二次能源，将一次能源转化为二次能源所需成本较高，同时国内外学者对于甲烷水蒸气重整制氢过程的热源研究较少，所以对该重整制氢过程选择一个优质热源很重要。太阳能作为一种储量丰富、环境友好、分布广泛的可再生能源受到了人们的广泛关注。利用太阳能提供能量可以降低甲烷重整制氢成本，减少环境污染，在工业应用上有光明的前景。太阳能驱动甲烷重整技术目前仍处于发展阶段，目前太阳能驱动甲烷重整反应过程复杂，机理并不明晰。国内尚缺少较全面和系统介绍太阳能驱动甲烷重整技术的书籍。

本书依托华北理工大学冶金与能源学院教师姚鑫和黄兴的最新科研成果，对太阳能驱动甲烷重整制氢反应进行分析，并对其机理进行详尽介绍。本书主要包括太阳能利用、甲烷重整制氢、反应器应用的现状；建立小型非共轴聚光型太阳能模拟器汇聚数学模型，并验证模型的正确性；建立以太阳能模拟器为热源的太阳能热化学反应器热输运模型，并进行热流密度、热应力分析；采用热力学分析软件（HSC）对甲烷水蒸气重整制氢过程进行热力学可行性分析；采用 FLUENT 模拟的方法建立聚集辐照下甲烷水蒸气重整数学模型，研究不同工况参数对聚集辐照下甲烷水蒸气重整制氢的影响规律；基于影响规律，采用响应面法对该重整反应进行方差分析与参数优化并得出结果；基于CHEMKIN 软件形成能预测甲烷水蒸气重整反应的整体模型，对甲烷水蒸气重整反应机理进行分析和简化。

本书可以让读者了解太阳能驱动甲烷重整制氢利用现状、聚集辐照反应器的热密度性能、热应力分布、反应参数优化、反应机理及机理简化过程。重点阐述太阳能利用和甲烷重整相互耦合，以期实现能源高效绿色发展。本书从内容上尽量做到由浅入深、循序渐进，能适应不同层次的教学科研的需要。

本书的出版得到华北理工大学的大力支持，其中初稿由姚鑫教师负责撰写，姚鑫教师和黄兴教师同时负责修订工作。华北理工大学研究生赵博宇、马强、高方林、吕政国、林岩和梁家宝对本书或者协助查阅资料，或者协助输入文字、插图及校对等，为著者提供不少帮助。在此一并表示衷心感谢。

本书针对太阳能驱动甲烷重整制氢技术进行详尽描述，可以作为高等学校能源动力类、新能源类专业或从事相关领域工作人员和工程技术人员的参考书。此书若能为广大从事太阳能利用、甲烷重整反应等相关方向的学生和工程技术人员借鉴和使用，那就是作者最大的欣慰。

由于作者水平有限、经验不足，书中难免存在不妥之处，恳请读者批评指正。

姚　鑫

2023 年 12 月

目　　录

1 绪　　论

1.1　太阳能反应器现状

1.1.1　太阳能模拟器研究现状

太阳能模拟器主要用于模拟太阳光。太阳能模拟技术早在 20 世纪 60 年代就已出现，随着科技的飞速发展太阳能模拟技术也随之进步。太阳能模拟器具有可控、不需要考虑天气与季节等因素的优点。由于航天器材需要在真空的条件下接收太阳辐射，而自然光无法做到这样，因此需要太阳能模拟器为其提供这样的实验环境，太阳能模拟器为航天技术做出了巨大贡献。太阳能模拟器同时方便了一些光伏组件、太阳能集热器等设备的性能测试和参数优化，太阳能模拟器在许多领域都会被用到，比如：现代化农业育种、太阳能电池的检测、光对生物和植物的影响等。因此，国内外学者对太阳能模拟器影响因素进行了深入研究，例如太阳能模拟器的光源、辐照不均匀度、辐照强度等。

太阳能模拟器的核心就是光源。Ekman 等人为了得到更加接近太阳光谱的模拟器，设计了一种以金属卤化物灯作为光源的高通量太阳能模拟器，其焦平面峰值通量可达到 1×10^{-6} kW/m^2。Tawfik 等人研究了氙弧灯、金属卤化物灯、卤钨灯和氙弧灯四种常见的光源，从光谱的区别、光照强度、经济性、安全性、稳定性、耐用性等方面，讨论得到结论：金属卤化物灯和氙弧灯光谱与太阳光谱匹配良好，氙灯能够提供更加强烈稳定的输出，但存在过滤红外光以及价格昂贵的缺点，推荐金属卤化物灯作为太阳能模拟器常用光源。万松等人研究了气体放电光源（金卤灯和氙灯）、固体光源（溴钨灯和 LED 光源）等不同光源的发光光谱，提出了一种氙灯和金卤灯相结合的双光源太阳能模拟器，光谱匹配度达到 C 级。Esen 等人对太阳能模拟器的历史和发展进行了研究，并对太阳能模拟器使用的不同光源进行分类，研究了碳弧灯、钠蒸气灯、石英钨卤灯、氙闪光灯、汞氙灯、超连续激光光源等，并对比了这些光源的光谱缺陷。

辐照不均匀度是太阳能模拟器关键技术指标之一。胡鹏飞等人利用 39 种 91 个 LED 灯，实现了光谱匹配最大偏差仅 4.56% 的太阳能模拟器，且辐照强度不均匀度仅 1.41% 的超 AAA 级高光谱 LED 太阳能模拟器，为解决人造光源获得高光谱匹配度的难点提供参考。张国玉等人通过太阳能模拟器工作原理研究了影响辐照均匀度的因素，得出结论：光学积分器是影响辐照均匀度的主要因素，准直物镜对其影响较小，最后计算得出其设计的太阳能模拟器辐照不均匀度为 2.7%。孙焕杰等人研制了一种变系数椭球聚光系统，将传统的椭球面方程进行泰勒展开得到一个变系数的椭球面方程进行调整，最后得到新型聚光镜比传统椭球聚光镜辐照面辐照不均匀度提高了 3.91%。Xiao 等人为了提高太阳能模拟器的均匀性将传统的椭球面聚光镜改为非共轴椭球面聚光镜，结果表明，该太阳能模拟器辐照不均匀度由 40.3% 降低到 7.2%。白章等人基于 18 kW 太阳能模拟器进行了光学仿真研究，结果表明，安装误差会降低焦平面热流密度和辐照不均匀度，计算分析了偏转角为 1.5°的非共轴聚光镜的热流密度分布特征，与传统椭球聚光镜相比，该焦平面辐照不均匀度降低至 12.48%。Zhu 等人使用 13 个 10 kW 的短弧氙灯设计并建造了一个可调节的高通量太阳能模拟器，通过把中心灯的功率降低至一半并进行离焦的方法，将聚焦光斑的辐照不均匀度由 68.87% 降低到了 18.59%。汪恩良等人为了研究太阳能辐照下冰生消过程、力学特性及冻土冻融传热变化规律，对比碘钨灯、白炽灯、金卤灯以及长弧氙灯得到长弧氙灯光谱更接近太阳光，并设计了一种光斑辐照不均匀度可以达到 B 级的室内太阳能模拟器。

辐照强度则需要根据实验或者模拟要求进行设计。Haroon 等人设计了一种以 1 kW 金属卤化物灯为光源，经过参数迭代优化的截顶椭球聚光镜的高性价比太阳能模拟器，通过光谱分析得到太阳能模拟器的光与自然光有 88.7% 的相似性，且焦平面上的平均热流密度为 2.22~3.117 kW/m²。Li 等人利用 Tracepro 光学模拟软件分析了西班牙建立的高通量太阳能模拟器（KIRAN-42），结果表明，聚光焦点为一条线时热流密度峰值仍可以达到 1400 kW/m²，当聚光焦点为一个点时的真实热流密度峰值为 1000 kW/m²。Johannes 等人利用近景摄影测量和辐射测量相结合的方法对一种多源高通量太阳能模拟器进行测量，测得该太阳能模拟器热流密度峰值为 1135 kW/m²。Marco 等人设计并建立了一个由 8 个聚光镜组成的向下照射的高通量太阳能模拟器，这款太阳能模拟器不仅可以避免系统内发生流体动力学和对流现象的变形，且最大辐照度能够达到 1200 kW/m²。Martínez-Manuel 等人为了研究墨西哥太阳能材料和太阳能热化学过程，使用 7 个 2.5 kW 的短弧氙灯搭建了一个高通量太阳能模拟器，并利用蒙特卡洛光线追迹法测得热流密度峰值为 1700 kW/m²。Jiang 等人从太阳能研究、材料试验、接收面优化等方面对菲涅尔透镜进行分析并优化，最后得到了辐照度更均匀、热流密度峰值能够达到 2320 kW/m² 的高效太阳能模拟器。Kueger 等人通过蒙特卡洛光线追迹法对反射镜尺寸和形状进行了分析优化，最终在焦平面上获得高达 3700 kW/m² 的热流密度峰值。Wang 等人基于菲涅尔透镜设计了一个功率高达 84 kW 的高通量太阳能模拟器，通过光线追迹模型测得热流密度峰值为 7220 kW/m²。Li 等人通过间接测量的方法，测量了新加坡第一个由 7 个 4 kW 短弧氙灯组成的多源高通量太阳能模拟器，得到其热流密度峰值为 7740 kW/m²。Wang 等人利用非共轴椭球面聚光镜设计了一种输入功率为 6~30 kW 可以连续调节的高通量太阳能模拟器，该新型太阳能模拟器的最高峰值通量能够达到 8568 kW/m²。Dai 等人基于间接测量的方法对具有 6 个瞬时开关的 84 kW 高通量太阳能模拟器进行测量，结果表明，其最大系统效率为 38.1%、热流密度峰值通量为 9300 kW/m²。李子衿等人对高通量太阳能模拟器的设计和建造方案进行了研究，并通过数值模拟方法对高通量太阳能模拟器作了优化，最后对太阳能模拟器进行搭建，并实验测得热流密度峰值达到 15000 kW/m²。

1.1.2 太阳能反应器热性能研究现状

随着人类日益增长的能源需求以及能源危机的出现，急需开发可再生能源作为替代能源。合成气体是一种高效、清洁以及可持续的能源，其产量能够满足人类的需求。通过太阳能驱动太阳能反应器，制取合成气体越来越受到人们的关注。太阳能反应器为合成气体生产提供了反应场所，其性能对热化学反应起到至关重要的作用。太阳能反应器热性能对热化学反应效率有很大影响，通过改变操作条件等方法优化太阳能反应器热性能得到国内外学者们的广泛关注。

在热性能方面，一些国内外研究者研究了结构、辐射模型等因素对太阳能反应器热性能的影响。Wang 等人为了探究几何参数对太阳能吸热器热性能的影响，设计了一个太阳能吸热器三维模型进行模拟，结果表明，太阳能吸热器口径大小和不同的入口结构对其壁面温度和气体温度有较大影响。Costandy 等人通过对比球形太阳能反应器和圆柱形太阳能反应器内部的温度分布，证明了太阳能反应器几何形状对内部温度分布的影响，结果表明，球形太阳能反应器的内部温度分布比圆柱形太阳能反应器的内部温度分布更加均匀。邓倩通过数值模拟的方法研究了腔体结构对吸热器热性能的影响，结果表明，随着腔体结构内部锥角的增加，腔体吸热器辐射热损失增大，对流热损失先升高后降低。Elena 等人提出了一种水热式太阳能反应器的新概念，并利用传热和动力模型研究了管的数量和位置、腔体的相对尺寸、散射颗粒浓度等对太阳能反应器热效率的影响，结果表明，加入参与介质、合理选择管的数量和位置能够使太阳能反应器热效率达到 80% 以上。Zhang 等人提出了一种高效制氢的回流式太阳能反应器（SMSRR）系统，并采用二维轴对称模型的方法对比了三种不同结构形式的 SMSRR 的综合性能，结果表明，该太阳能反应器是利用流体出口热量进一步提供反应热，降低出口温度从而提高太阳能反应器的综合性能，并得到结论：优化回流管管径和操作条件能够使能量转化率提高 19.5%，温度分布系数提高 1.89%。Yao 等人通过建立三维光学-CFD 耦合模型，研究了不同结构和提升热导率对太阳能反应器性能的影响，结果表明，圆柱形多孔泡沫太阳能反应器具有较高的吸热效率，提高多孔吸收剂的传热能力能够降低太阳能反应器内部的温度梯度。Zhang 等人对比研究了两种不同的热物理模型对太阳能反应器中热传输和流动的影响，结果表明，Wu 模型的动量源模型更适合于压力模型，而 Wu 模型和 Vafai 模型的温度分布差别不大。Bachirou 对比了两种不同的辐射模型，结果表明，在不同操作条件下两种辐射模型反应堆温度非常接近，在入口区域辐射发射率随温度升高而增大，温差增加。

部分研究者研究了太阳能反应器的工况参数，例如温度、工作压力、入口速度以及物性参数对太阳能反应器热性能的影响。Wang 等人通过蒙特卡洛光线追迹的方法和 Fluent 模拟软件相结合，研究了热流边界条件、孔隙率、发射率和流体质量对太阳能接收器温度分布的影响，结果表明，热流密度分布对太阳能接收器温度分布有较大影响，随着流体质量的增加固相和流体相的温差增大，随着孔隙率的增加固相的最大温度也随之增加，固相温度随发射率增加而下降。李嘉宝等人以塔式太阳能热发电站中的圆柱形外露管式吸热器为研究对象进行数值建模，研究了辐射热流密度、熔盐流量、熔盐进口温度和环境风速等参数对吸热器动态特性的影响，结果表明，熔盐出口温度主要受到辐射热流密度、熔盐进口温度和熔盐流量的影响，环境风速影响较小。Bachirou 等人研究了辐照强度、质量流量、传热系数和内腔壁面发射系数对多孔介质太阳能反应器的影响，结果表明，温度的大幅度降低主要是由辐射、对流和导热导致的热损失。常哲韶等人通过实验测得太阳能反应器入口边界条件，并采用零维模型确定入口最优直径，然后进行模拟，结果表明，增大入口速度会造成太阳能反应器工作温度降低、辐射热损失减少以及出口显热增加。Zhang 等人提出了一种一体化设计的太阳能制氢反应器并进行模拟，结果表明，可以通过增大入射功率、降低入口速度或增加蒸汽质量分数等方法提高出口温度，从而提高太阳能反应器效率。因此，通过分析这些参数对太阳能反应器内部温度分布的影响规律，可以达到优化太阳能反应器内部温度分布的效果。

1.1.3 太阳能反应器热应力研究现状

太阳能反应器内发生化学反应需要高温，因此需要外界提供热量。然而，太阳能反应器在高密度太阳辐射、受热不均匀以及不适当的加热速率下，都会造成局部高温情况，进而导致应力集中损坏太阳能反应器。因此，必须考虑太阳能反应器的安全性和热稳定性。

在热应力研究方面，一些国内外学者研究了结构、材质等因素对热应力的影响。Wang 等人引入了偏心管式吸热器，并研究了偏心距和倾角对偏心管吸热器的应力影响，结果表明，建议使用最佳偏心距和倾角为 90° 的偏心管吸热器作为槽式聚光系统的管式吸热器。Wang 等人对比了不锈钢、碳化硅、铝和铜四种不同材料的太阳能吸热器，结果表明，不锈钢和铜材料太阳能吸热器的有效热应力和总应变分别为最大和最小，因此，铜材质的太阳能吸热器安全性更高。Khanna等人研究了高导电材料作为双层吸热器的内层和外层、焦距以及 HTF 的流速对抛物线槽式吸热器（PTC）的吸收管热应力的影响，结果表明，与单层吸热器相比，高导电材料用于双层吸热器的内侧时受到的热应力较小，用于双层吸热器的外侧时受到的热应力进一步降低；随着 HTF 流速的增加，单层吸热器和双层吸热器所受的热应力都随之降低；适当的焦距可以使第三代 Luz PTC 受到的热应力忽略。李东青等人建立了三种不同结构的太阳能腔式吸热器（复合圆台形、球形和改进半球形吸热器）物理模型进行研究，结果表明，这三种吸热器中改进半球形吸热器受到的等效应力最小，安全性和稳定性最好。Du 等人提出了一种含导热层和高温保护层的复合太阳能吸热器，并选用铬镍铁合金 718/镍和 316 不锈钢/GRCop-84 两种材料组成，结果表明，复合材料设计能够降低太阳能吸热器的最大热应力，并随着管壁厚度和太阳辐射强度的增加其性能改善越明显。Maytorena 等人根据太阳能吸热器受到不均匀热流会产生温度梯度从而产生热应力，对 2 根无翅片改变壁厚（5 mm 和 3 mm）、4 根不同结构有翅片的吸热器管进行了研究，结果表明，管的最佳结构是在正面加翅片、接收壁厚为 3 mm、绝热壁厚为 5 mm，该结构可以将热应力降低 38%。

部分学者对热流密度、入口速度以及入口温度等工况参数对热应力的影响进行了研究。刘敏等人通过建立螺旋管式太阳能吸热器物理模型，研究了不同能流分布下的应力场，结果表明，局部能流梯度越大造成局部温度梯度越大即热应力越大，从而影响使用寿命。牛树群等人以塔式太阳能光热发电系统中的吸热器为研究对象，数值模拟了吸热管内径和壁厚、入口温度和速度、热流密度五个参数对热应力的影响规律，结果表明，吸热管的等效应力随着吸热管内径和壁厚、热流密度的增加而增加，随着入口温度和速度的增加而降低。Wang 等人建立了太阳能熔盐吸热器数值模型并通过实验进行模型验证，分析了不同接收管面板在不同热通量下的应力特性，结果表明，相对于吸热器入口和出口而言，流道中部的管道更容易发生应力损坏，较高的热流密度将产生较高的热应力。Chen 等人为了保证太阳能吸热器安全高效地运行，研究了质量流量、入口温度、辐照度等参数对太阳能吸热器力学性能的影响规律，结果表明，太阳能吸热器热应力与质量流量、辐照度成正比，与入口温度成反比。

综上所述，以往研究多是针对太阳能模拟器光源、聚光镜形状以及高强度汇聚光斑，而对太阳能模拟器聚光镜具体结构参数研究较少。本书基于小型非共轴椭球面太阳能模拟器，采用数值方法建立聚光系统模型，研究太阳能模拟器中聚光镜的结构参数对其焦平面热流密度峰值和辐照不均匀度的影响规律。部分研究者只是通过对采光口入口温度等条件的假设对太阳能反应器性能进行研究，本书则是通过实验测得热流密度加载到太阳能反应器中，然后通过理论计算得出操作条件等因素对太阳能反应器热性能的影响。基于上述两个前提条件，将太阳能反应器的温度节点信息导入到热应力分析软件中进行热应力分析，获得了一些结构参数和工况参数对太阳能反应器热应力的影响规律。

1.2 甲烷水蒸气重整反应特性研究现状

甲烷水蒸气重整反应过程复杂，反应机理具有不确定性，直接进行甲烷水蒸气重整实验不能对反应过程做出准确的分析，同时可能会造成成本的浪费。因此，对于重整制氢过程进行热力学可行性分析，可以得到甲烷水蒸气重整制氢过程中的反应规律；基于热力学分析结果，对聚集辐照下甲烷水蒸气重整进行数值计算；对于数值计算结果进行优化确定最佳参数，为后续工业化奠定理论基础。因此，国内外学者在热力学分析、数值计算、参数优化方面进行了相关研究。

1.2.1 甲烷水蒸气重整制氢热力学分析

甲烷水蒸气重整制氢存在反应过程复杂、反应条件不确定等问题，因此国内外学者对于该重整反应的热力学过程进行了研究。Gao 等人对甲烷水蒸气在 Ni-Ce/ZSM-5 催化剂上的重整反应进行了热力学研究，得出结论：在该催化剂下甲烷转化率可达到 95%，同时该催化剂可以保持 40 h 的活性。Bulfin 等人采用热力学分析方法，对金属氧化物氧化还原重整与甲烷水蒸气催化重整进行了比较，结果表明，甲烷水蒸气催化重整在工业上有很好的热力学基础，然而，使用二氧化铈进行氧化还原反应可得到高质量的合成气。Hiramitsu 等人对甲烷水蒸气在蜂窝状纯镍催化剂表面的重整反应进行热力学研究，结果表明，该重整过程可以使甲烷转化率达到 97%，同时催化剂表面几乎不会产生碳沉积。Wang 等人建立了稳态太阳能驱动的过程模型，并对多孔太阳能反应器中热化学反应与温度分布进行热力学研究。Xu 等人对介质阻挡放电条件下甲烷水蒸气重整制氢过程进行了研究，结果表明，甲烷转化率与氢气产率随水碳比（S/C）和放电电压的增加而增大，在 S/C 为 1.82、流量为 136 mL/min、放电电压为 18.6 kV 时，甲烷转化率与氢气产率分别为 47.45% 与 21.33%。Lin 等人对沼气中甲烷水蒸气重整制氢过程进行了热力学分析，得出结论：在温度为 973～1073 K、水碳比为 2 时，氢气产量最大。Gokon 等人采用双壁管式反应器对太阳能辐照下甲烷水蒸气重整进行研究，结果表明，双壁管式反应器比单壁反应器中甲烷转化率高。Carapellucci 等人通过比较甲烷水蒸气重整、甲烷干法重整、甲烷氧化重整的热力学模型，得出结论：在一定条件下甲烷水蒸气重整制氢效果更好。Pashchenko 等人对微通道内甲烷水蒸气重整进行热力学研究，结果表明，甲烷转化率随雷诺数、壁面热流密度、气体入口温度增加而降低。Abbas 等人采用最小化的非线性最小二乘法对重整过程中反应物的反应速率进行计算，得出结论：甲烷水蒸气重整反应、水汽变化反应及甲烷水蒸气直接反应活化能分别为 257.01 kJ/mol、89.23 kJ/mol 和 236.7 kJ/mol。Gallucci 等人采用膜式反应器对甲烷水蒸气重整制氢过程进行了研究，结果表明，该反应器中膜的存在可以增强氢气的渗透作用使平衡正向移动，得到相比于常规反应器更高纯度的氢气。Lee 等人研究了膜式反应器中甲烷水蒸气的重整反应过程，结果表明，$Ni-Al_2O_3$ 催化剂在多孔膜式反应器中可以有效提高催化剂活性；在温度为 1073 ℃、S/C 为 0.75、压力为 2 atm❶ 时，甲烷转化率为 96%。Wang 等人对多孔介质太阳能热化学反应器中甲烷水蒸气重整特性进行分析，结果表明，氢气产率随气体入口速度、孔隙率、催化剂尺寸增加而降低。Wang 等人采用多孔介质反应器对太阳能驱动甲烷水蒸气重整的瞬态特性进行了研究，结果表明，反应器内热平衡区域无量纲厚度随温度增加而增加，同时增加太阳能辐照，有利于重整反应正向进行。Wang 等人对甲烷水蒸气在氢气与二氧化碳交替渗透膜组成反应器中的重整过程进行了研究，得出结论：在该反应器中水蒸气和甲烷转化率均达到 100%。

1.2.2 甲烷水蒸气重整制氢数值模拟

甲烷水蒸气重整制氢的实验过程存在外界环境不稳定、反应条件苛刻等问题，因此国内外学者对甲烷水蒸气重整的模拟过程进行了研究。Huang 等人模拟研究了不同反应器管径（10 mm、30 mm、60 mm）对甲烷水蒸气重整制氢过程的影响，结果表明，甲烷转化率与氢气产率随反应器管径增加而增大，但温度分布越不均匀，在工业上应优先选择大管径反应器。毛志方等人采用管式反应器对甲烷水蒸气重整进行模拟研究，结果表明，在颗粒直径为 3 mm、压力为 2 atm、入口温度为 773 K 时氢气产率最大。张力等人在确定壁面温度下对管式反应器中甲烷水蒸气重整进行瞬态模拟研究，结果表明，在水碳比（S/C）为 3.5、壁面温度为 973 K 条件下，重整反应在 90 ms 时得到稳定，同时获得 54% 的氢气产量。Alam 等人模拟研究了膜式反应器中吸附强化甲烷水蒸气重整过程与传统重整过程，通过比较两个过程发现，吸附强化反应工艺中甲烷转化率为 96%，优于传统重整工艺。Shi 等人模拟研究了仿生叶片式分级多孔太阳能反应器中甲烷水蒸气重整过程，结果表明，与均匀多孔介质相比，分级多孔介质中甲烷转化率可提高 4.5%。Wang 模拟研究了多孔介质反应器对太阳能驱动甲烷水蒸气重整制氢的过程，结果表明，反应器内热平衡区域无量纲厚度随温度增加而增加，同时增加太阳能辐照，有利于重整反应正向进行。Dmitry 模拟研究了甲烷水蒸气在经过

---

❶　1 atm = 101325 Pa。

预热的 Ni 基催化剂上的重整反应过程，得出结论：催化剂床层在 1300 K 时反应中合成气组分达到平衡。Gu 等人采用聚集太阳能辐照通过管式反应器侧面石英玻璃对进入反应腔的气体在催化剂床层进行加热，可以得出结论：随催化剂床层长度增加甲烷转化率与热化学储存效率先增加后降低，最佳床层长度为 140 mm。Wang 等人采用数值模拟方法研究了三种不同填充结构（简单立方、体心立方、面心立方）的催化剂对甲烷水蒸气重整过程的影响，得出结论：面心立方结构的催化剂对反应速率影响最大。Nguyen 等人在反应温度为 723～1013 K、压力为 1 atm 条件下，提出结论：阿伦尼乌斯公式与 Ni/YSZ 催化的甲烷水蒸气重整动力学实验结果相符合。Wang 等人在微通道内对甲烷水蒸气重整的动力学进行了研究，采用非线性最小二乘法建立了甲烷水蒸气重整的平行与逆向反应机理模型。Chen 等人建立了甲烷水蒸气重整过程的平行与串行反应机理模型，得出结论：平行反应机理可以很好拟合实验数据。Lima 等人采用微型填充床反应器对太阳能驱动甲烷双重整反应的热化学储存性能进行数值模拟研究，结果表明，甲烷在 2.5 h 操作时间下转化率达到 98.18%，反应器热化学储能效率达到 74.21%。

1.2.3 甲烷水蒸气重整制氢工况参数优化

影响甲烷水蒸气重整制氢过程的参数多，因此在进行实验研究前需要对多种影响参数进行优化，确定最佳参数为后续实验奠定基础。Maqbool 等人采用有限差分法通过软件对填充床反应器进行模拟，得出了甲烷水蒸气在反应器中重整过程的最佳工况参数。Yuan 等人采用管式反应器对甲烷水蒸气重整进行研究，得到结论：在反应器直径为 40 mm、S/C 为 3、温度为 1173 K、流量为 8 L/min 时，热化学储存效率与总能量分别达到最大值 36.8% 和 73.5%。Pourali 等人采用响应面法对 2D 微通道内甲烷水蒸气重整过程进行研究，结果表明，在不同工况参数下气体入口温度对氢气产率的影响最大。Kim 等人对不同镍含量催化剂催化甲烷水蒸气重整反应进行研究，得出质量分数为 20% 的 $Ni/Mg-Al_2O_3$ 催化剂可以使甲烷达到 88% 的转化率。Qin 等人采用单管式换热反应器对甲烷水蒸气重整进行了优化，结果表明，单管式换热反应器可以提高甲烷换热效率，同时可以延长催化剂寿命。Shi 等人提出将仿生分级结构引入太阳能热化学反应器中的设想，并通过调整辐射场提高了甲烷转化率。Fernandez 等人模拟研究了吸附强化反应的产氢过程，结果表明，在一氧化碳摩尔分数低于 0.2% 时，采用一步制氢法得到氢气的摩尔分数超过 95%。Peng 等人模拟研究了甲烷水蒸气重整制氢过程中甲烷转化率与氢气的产率，并进行优化，结果表明：在 1 atm、1073 K、S/C 为 5 时，甲烷转化率与氢气产率最大分别为 99.93% 与 99.98%。Zhang 等人采用薄管式混合传导膜反应器对甲烷水蒸气重整制氢反应进行了研究，得出结论：在 1123～1173 K 范围内甲烷转化率超过 93%，一氧化碳选择性大于 91%。Chouhank

等人数值模拟研究了工业规模重整器中甲烷水蒸气重整制氢过程，结果表明：当 S/C 为 4、反应温度为 973 K、压力为 25 atm 时，甲烷转化率为 85.65% ~ 93.08%，氢气产量为 1.02 ~ 2.28 mol。Ira 等人模拟研究了甲烷水蒸气重整过程中不同工况对于产氢率的影响，结果表明：较高的进气温度和较低的操作压力对于氢气产率有促进作用，而较高空速会使效率下降。Jrha 等人对集合建模与单独建模的反应器模型中甲烷水蒸气重整制氢过程进行模拟研究，结果表明，随着工况参数增加反应器热效率与氢气产率同时增加。Leonzio 等人对甲烷水蒸气在膜式反应器中的重整过程进行了方差分析，得出结论：入口温度、甲烷流量与膜的厚度是影响反应过程的重要因素。Anzelmo 等人实验研究了钯膜反应器中 Pd 膜对甲烷水蒸气重整反应过程的影响，结果表明，当 Pd 膜厚度为 13 μm、温度为 673 K、压力为 1.5 atm 时，甲烷转化率为 84%，氢气产率为 82%。Marin 等人对甲烷水蒸气在膜反应器中的重整过程进行研究，得出结论：入口温度和空速比反应器中膜渗透侧压力与过量水碳比对甲烷水蒸气重整过程有更显著的影响。Yuan 等人基于多孔催化剂重整的化学反应 3D 计算模型，研究了操作参数对甲烷水蒸气重整的性能影响，结果表明，相比于气体工况参数，水碳比对重整反应中甲烷转化率有显著影响。Yang 等人对不同铈含量的 Ni-Ce/Al_2O_3 催化甲烷水蒸气重整过程进行研究，结果表明，在催化剂中添加含量合适的铈对于重整反应具有最佳的催化性能。

综上所述，国内外学者对于甲烷水蒸气重整制氢的研究大多采用恒温的方式进行加热，对于通过太阳能驱动甲烷水蒸气重整制氢过程的研究较少，由于对聚集辐照下甲烷水蒸气重整制氢过程研究侧重点不同，内部反应复杂，因此本书建立符合聚集辐照情况下甲烷水蒸气重整制氢模型，通过对甲烷水蒸气重整制氢反应过程进行可行性分析，确定其反应参数对重整过程的影响规律。基于可行性分析结果，对聚集辐照下甲烷水蒸气重整制氢过程进行数值模拟；基于模拟结果，对聚集辐照下甲烷水蒸气重整制氢过程参数进行优化，可以得到不同参数共同作用下对聚集辐照下甲烷水蒸气重整制氢过程的影响结果，为后续研究奠定理论基础。

1.3 甲烷水蒸气重整反应机理研究现状

1.3.1 甲烷水蒸气重整工况参数研究

甲烷水蒸气重整反应的反应过程比较复杂，不同工况参数（温度、水碳比、气体入口速度、气体入口温度等）对甲烷水蒸气重整反应的影响较大，因此研究不同工况参数对甲烷水蒸气重整反应的影响规律具有重要意义。毛志方等人对甲烷水蒸气重整反应进行了模拟，研究了不同工况参数对反应器内部换热的影响，发现增加入口气体温度可以增加近入口处的壁面温度，但是对中后端的壁面温度影响较小。Chen 等人通过 Fluent 模拟了基于 Ni 基催化剂的甲烷水蒸气重整反应，发现 CO 生成速率随着反应温度的升高而增加，而 CO_2 生成速率随反应温度的变化趋势则与之相反；另外，随着水碳比的增加，CH_4 转化率和 H_2 产率增加，但 CO 的生成速率降低。Song 等人根据化学平衡理论对甲烷水蒸气重整反应进行了研究，通过调整水碳比和重整温度，对甲烷水蒸气重整反应的性能进行了研究，发现在水碳比为 3、重整温度为 850 ℃时，其热效率比工业上要高 18.27%。Huang 等人基于二维非定常模型，研究了非均匀温度对不同直径的管式反应器的影响，发现管式反应器的直径越大，CH_4 转化率和 H_2 摩尔分数也越高。Huang 等人研究了不同工况参数（孔隙率、入口气体温度、水碳比和入口气体速度）对甲烷水蒸气重整反应的影响，并使用 Design Expose 对甲烷水蒸气重整反应的工况参数进行了优化研究，发现孔隙率、入口气体温度和水碳比对甲烷水蒸气重整反应有正面影响，入口气体速度对其有负面影响，并且在孔隙率为 0.770、入口气体温度为 579.925 K、水碳比为 2.996 和入口气体速度为 0.031 m/s 时，CH_4 转化率可达到 94.03%。Alrashed 等人使用 Aspen Plus 模拟了 Pd-Au 金属膜式反应器中的甲烷水蒸气重整反应，与传统反应器相比，其 H_2 产量提高了 20%、成本降低了 36%。Lee 等人建立了数学模型，对 6 种膜式反应器（Pd-CeO$_2$/MPSS、Pd/MPSS、Pd-Ag、Pd-Ag/MPSS、Pd/SiO$_2$/PSS 和 Pd-Ru）中的甲烷水蒸气重整反应进行了模拟研究，发现 Pd-Ru 金属膜的氢选择性最好。NENI 等人在固定床反应器上使用氧化钙作为吸附剂，通过 CFD 模拟了甲烷水蒸气重整反应，发现氧化钙可以与反应过程中产生的 CO_2 发生反应，从而促使反应沿着正向进行，出口处 H_2 的摩尔分数可以达到 0.8。Habibi 等人使用 Aspen Plus 同样使用氧化钙作为吸附剂对甲烷水蒸气重整反应进行了研究，发现加入吸附剂不仅可以促使反应沿着正向进行，还可以提高 H_2 的选择性，最终反应热效率、H_2 的选择性和 CO_2 吸附效率可以达到 92%、98.6% 和 94%，另外，虽然增加水碳比可以增加甲烷水蒸气重整反应速率，但同样使得甲烷水蒸气重整反应的能耗增加，并且在水碳比大于 3 时，其反应速率增加的速度就不明显了。Cherif 等人基于甲烷水蒸气重整和甲烷二氧化碳重整的耦合反应，研究了 Ni/Al$_2$O$_3$ 和 Pt/Al$_2$O$_3$ 两种催化剂的不同布置方式对 CH_4 转化率和 H_2 产率的影响，最终发现第二种布置方式（两种催化剂分别布置在反应器两侧）的 CH_4 转化率和 H_2 产率最高，并且甲烷水蒸气重整和甲烷二氧化碳重整的耦合反应可以显著减轻因甲烷二氧化碳重整而产生的碳沉积问题。

目前针对甲烷水蒸气重整反应工况参数的研究较多，但反应器和催化剂不同，不同工况参数对甲烷水蒸气重整反应的影响规律也有所区别。因此，有必要针对甲烷水蒸气重整反应工况参数进行热力学分析，为研究甲烷水蒸气重整反应机理奠定基础。

1.3.2 甲烷水蒸气重整反应机理研究

甲烷水蒸气重整反应机理比较复杂，选用不同的反应机理，对模拟结果的影响也很大，因此，国内外学者对甲烷水蒸气重整反应机理进行了大量的研究。Allen 等人对甲烷水蒸气重整反应进行了实验，系统地研究了甲烷水蒸气重整的反应机理，建立了甲烷水蒸气重整反应的多项模型，并提出温度对甲烷水蒸气重整反应的影响可以用阿伦尼乌斯公式来表示。Xu 等人基于 $Ni/MgAl_2O_4$ 催化剂，对甲烷水蒸气重整反应进行了实验研究，并推导了甲烷水蒸气重整反应及水蒸气变换反应的本征速率方程，提出了 13 步甲烷水蒸气重整平行反应机理。其反应机理主要包括 3 个过程：（1）$H_2O(g)$ 和 $CH_4(g)$ 吸附在催化剂表面上，生成吸附态的氧、甲烷和气态氢，即 $O(Ni)$、$CH_4(Ni)$ 和 $H_2(g)$；（2）吸附态物质在催化剂表面发生反应，生成吸附态的含碳自由基和吸附态的氢，即 $CH_3(Ni)$、$CH_2(Ni)$、$CH_2O(Ni)$、$CO(Ni)$ 和 $H_2(Ni)$ 等；（3）$CO(Ni)$ 和 $H_2(Ni)$ 发生解吸附反应生成气态的 CO 和 H_2，即 $CO(g)$ 和 $H_2(g)$。在 Xu 提出的反应机理中，$CO(g)$ 的生成路径只有 $CO(Ni)$ 在催化剂表面的解吸附反应，$CO(Ni)$ 来源于 $CH_2O(Ni)$ 在催化剂表面发生解离反应生成的 $CHO(Ni)$，没有其他的生成路径，即 $CO(g)$ 的生成机理为：$CH_2O(Ni) \rightarrow CHO(Ni) \rightarrow CO(Ni) \rightarrow CO(g)$。$H_2(g)$ 主要有两个生成路径：（1）$H_2O(g)$ 吸附在催化剂表面，生成 $O(Ni)$ 和 $H_2(g)$；（2）$H(Ni)$ 在催化剂表面发生反应生成 $H_2(Ni)$，$H_2(Ni)$ 再发生解吸附反应生成 $H_2(g)$。即 $H_2(g)$ 的生成机理为 $H_2O(g) \rightarrow H_2(g)$ 或 $H(Ni) \rightarrow H_2(Ni)$。13 步甲烷水蒸气重整平行反应机理见表 1-1。

表 1-1　13 步甲烷水蒸气重整平行反应机理

序号	反　应　式
1	$H_2O(g) + Ni(s) \rightarrow O(Ni) + H_2(g)$
2	$CH_4(g) + Ni(s) \rightarrow CH_4(Ni)$
3	$CH_4(Ni) + Ni(s) \rightarrow CH_3(Ni) + H(Ni)$
4	$CH_3(Ni) + Ni(s) \rightarrow CH_2(Ni) + H(Ni)$
5	$CH_2(Ni) + O(Ni) \rightarrow CH_2O(Ni) + Ni(s)$
6	$CH_2O(Ni) + Ni(s) \rightarrow CHO(Ni) + H(Ni)$
7	$CHO(Ni) + Ni(s) \rightarrow CO(Ni) + H(Ni)$
8	$CO(Ni) + O(Ni) \rightarrow CO_2(Ni) + Ni(s)$

序号	反 应 式
9	$CHO(Ni)+O(Ni)\rightarrow CO_2(Ni)+H(Ni)$
10	$CO(Ni)\rightarrow CO(g)+Ni(s)$
11	$CO_2(Ni)\rightarrow CO_2(g)+Ni(s)$
12	$2H(Ni)\rightarrow H_2(Ni)+Ni(s)$
13	$H_2(Ni)\rightarrow H_2(g)+Ni(s)$

Soliman 等人以 Ni 和氯酸钙为原料,制备了一种可用于甲烷水蒸气重整反应的新型催化剂,并基于此催化剂对甲烷水蒸气重整反应机理进行了研究,发现催化剂种类不同,反应机理也不一致。在 Xu 的基础上,Soliman 提出了 15 步甲烷水蒸气重整反应机理,与 Xu 提出的反应机理相比,Soliman 考虑了 $H_2O(g)$ 在催化剂表面的吸附过程以及 $CO(Ni)$ 与 $H_2O(Ni)$ 的反应,其他反应机理与 XU 提出的一致,15 步甲烷水蒸气重整反应机理见表 1-2。

表 1-2 15 步甲烷水蒸气重整反应机理

序号	反 应 式
1	$H_2O(g)+Ni(s)\rightarrow O(Ni)+H_2(g)$
2	$H_2O(g)+Ni(s)\rightarrow H_2O(Ni)$
3	$CH_4(g)+Ni(s)\rightarrow CH_4(Ni)$
4	$CH_4(Ni)+Ni(s)\rightarrow CH_3(Ni)+H(Ni)$
5	$CH_3(Ni)+Ni(s)\rightarrow CH_2(Ni)+H(Ni)$
6	$CH_2(Ni)+O(Ni)\rightarrow CH_2O(Ni)$
7	$CH_2O(Ni)+Ni(s)\rightarrow CHO(Ni)+H(Ni)$
8	$CHO(Ni)+Ni(s)\rightarrow CO(Ni)+H(Ni)$
9	$CO(Ni)+O(Ni)\rightarrow CO_2(Ni)+Ni(s)$
10	$CO(Ni)+H_2O(Ni)\rightarrow CO_2(Ni)+H_2(Ni)$
11	$CHO(+Ni)+O(Ni)\rightarrow CO_2(Ni)+H(Ni)$
12	$CO(Ni)\rightarrow CO(g)+Ni(s)$
13	$CO_2(Ni)\rightarrow CO_2(g)+Ni(s)$
14	$2H(Ni)\rightarrow H_2(g)+Ni(s)$
15	$H_2(Ni)\rightarrow H_2(g)+Ni(s)$

Hou 等人对工业 $Ni/\alpha-Al_2O$ 催化剂上的甲烷水蒸气重整反应进行了实验研究,提出了甲烷水蒸气重整 9 步反应机理,与其他人相比,Hou 提出的反应机理

更加精简，省略了 $CH_4(g)$ 和 $H_2O(g)$ 在催化剂表面的吸附过程、$CH_4(Ni)$ 在催化剂表面解离生成 $CH_3(Ni)$ 的过程、$CH_2O(Ni)$ 在催化剂表面的解离和生成反应。另外，Hou 提出的反应机理直接由 $H(Ni)$ 在催化剂表面发生解吸附反应生成 $H_2(g)$，省略了 $H(Ni)$ 在催化剂表面反应生成 $H_2(Ni)$ 的过程。9 步甲烷水蒸气重整反应机理见表 1-3。

表 1-3 9 步甲烷水蒸气重整反应机理

序号	反 应 式
1	$H_2O(g)+Ni(s) \rightarrow H_2(g)+O(Ni)$
2	$CH_4(g)+3Ni(s) \rightarrow CH_2(Ni)+2H(Ni)$
3	$CH_2(Ni)+O(Ni) \rightarrow CHO(Ni)+H(Ni)$
4	$CHO(Ni)+Ni(s) \rightarrow CO(Ni)+H(Ni)$
5	$CO(Ni)+O(Ni) \rightarrow CO_2(Ni)+Ni(s)$
6	$CHO(Ni)+O(Ni) \rightarrow CO_2(Ni)+H(Ni)$
7	$CO(Ni) \rightarrow CO(g)+Ni(s)$
8	$CO_2(Ni) \rightarrow CO_2(g)+Ni(s)$
9	$2H(Ni) \rightarrow H_2(g)+2Ni(s)$

Bengaard 等人通过密度泛函理论（DFT）对甲烷水蒸气重整反应机理进行了研究，发现 $CH_4(g)$ 首先吸附在催化剂表面生成 $CH_4(Ni)$，$CH_4(Ni)$ 在 Ni 基催化剂表面逐步解离生成吸附态的中间物质，如 $CH_3(Ni)$、$CH_2(Ni)$ 等，并在解离过程中生成 H 原子，其解离过程可以表示为：$CH_4(g) \rightarrow CH_4(Ni) \rightarrow CH_3(Ni) \rightarrow CH_2(Ni) \rightarrow CH(Ni) \rightarrow C(Ni)$，$C(Ni)$ 再与 H_2O 反应生成 H 原子和 CO。Wei 等人基于 Ni 基催化剂对甲烷水蒸气重整和甲烷二氧化碳重整的反应机理进行了研究，发现 CH_4 转化率和 H_2O 转化率与 CH_4 的分压成正比，与 H_2O 的分压无关，并且第一个 C—H 的断裂对 CH_4 的转化有显著影响，另外在反应中重整和分解的反应速率是最大的。Avetisov 等人在之前的研究基础上，提出了 Ni 基催化剂上甲烷水蒸气重整 6 步反应机理。在 Avetisov 提出的反应机理中，$H_2(g)$ 有三个生成路径：（1）$CH_4(g)$ 在催化剂表面发生的解离反应；（2）$H_2O(g)$ 在催化剂表面发生的解离反应；（3）$CHOH(s)$ 在催化剂表面发生的解离反应。另外 Avetisov 提出的反应机理与 Hou 提出的反应机理相同，同样在反应机理中省略了 $CH_4(g)$ 生成 $CH_3(Ni)$ 的过程，直接由 $CH_4(g)$ 生成 $CH_2(Ni)$。与其他学者提出的反应机理相比，Avetisov 不仅省略了 CH_4、H_2O、H_2、CO 和 CO_2 在催化剂表面的吸附和解吸附过程，还省略了 $H(Ni)$ 的生成以及 $H(Ni)$ 发生解吸附反应生成 $H_2(g)$ 的过程。6 步甲烷水蒸气重整反应机理见表 1-4。

表 1-4　6 步甲烷水蒸气重整反应机理

序号	反应式
1	$CH_4(g) + Ni(s) \rightarrow CH_2(Ni) + H_2(g)$
2	$CH_2(Ni) + H_2O(g) \rightarrow CHOH(Ni) + H_2(g)$
3	$CHOH(Ni) \rightarrow CO(Ni) + H_2(g)$
4	$CO(Ni) \rightarrow Ni(s) + CO(g)$
5	$Ni(s) + H_2O(g) \rightarrow O(Ni) + H_2(g)$
6	$O(Ni) + CO(g) \rightarrow CO_2(g) + Ni(s)$

Zheng 等人对等离子体辅助甲烷水蒸气重整的反应机理以及 CH_4 和 H_2O 的生成速率进行了研究，发现 CH_4 的总消耗速率随水碳比的增加而降低，但相对消耗速率随水碳比的增加而升高，所以 CH_4 转化率随水碳比的升高而升高。CH_4 和 OH 的反应是消耗 CH_4 最大的反应，而 OH 主要由 H_2O 和电子碰撞生成，且 CO 产率的限速步骤是 $2CH_3 \rightarrow C_2H_6$ 和 $CH_4 + OH \rightarrow H_2O + CH_3$，CO 主要由 CH_3 与 O 原子反应生成 CH_2O 后续的解离反应生成，CO 具体的生成路径可表示为：$CH_3 \rightarrow CH_2O \rightarrow HCO \rightarrow CO$。Kumar 等人通过对甲烷双重整反应的研究，将甲烷双重整的反应机理分为 4 个过程：（1）CH_4 在催化剂表面的吸附和反应；（2）H_2O 和 CO_2 在催化剂表面的吸附；（3）催化剂表面吸附物质的反应；（4）吸附态的 CO 和 H_2 转化为气态的 CO 和 H_2 过程。Vogt 等人对甲烷水蒸气重整和甲烷二氧化碳重整的分子结构进行了研究，发现 CH_4 的活化不是甲烷重整反应中唯一的限速步骤，CO 的活化以及 C 原子和 O 原子的反应也可能是甲烷重整反应中的限速步骤。Wang 等人基于滑动弧放电反应器，对甲烷水蒸气重整的基元反应速率进行了研究，并确定了甲烷水蒸气重整的反应机理，发现在反应过程中，CH_4 和 H_2O 的电子碰撞是甲烷水蒸气重整反应的起始步骤，通过电子碰撞生成 OH，OH 之间再发生碰撞生成 O 原子和 H 原子，这也有助于 CH_4 和中间物质后续的解离反应，$CH_4 + H \rightarrow CH_3 + H_2$ 既是影响 CH_4 转化率的主导基元反应，也是生成 H_2 的主要途径。Unruean 等人对甲烷水蒸气重整反应的动力学进行了研究，发现 CH_4 中间产物的氧化反应有助于促使甲烷水蒸气重整反应的正向进行，另外反应温度对 H_2 产率和催化剂的表面物质也有着重要影响。在 600 K 时，催化剂表面物质大部分为 CH_4 中间产物和吸附态的 O 原子，而 700 K 时则是吸附态的 C 原子、吸附态的 H 原子和吸附态的 O 原子，说明反应温度的升高有利于 CH_4 及 CH_4 中间产物解离反应的发生。Yang 等人对甲烷水蒸气重整反应机理进行了研究，发现 CO 是由催化剂表面吸附态的 CO(Ni) 发生解吸附反应生成的；通过对 CO(Ni) 的生成机理研究，发现 CO(Ni) 的解吸附反应是甲烷水蒸气重整反应最困难的步骤之一，而 CO(Ni) 生成过程中释放的大量热量可以促进 CO(Ni) 的解吸附反应正

向进行。Wang 等人基于 Ni 基催化剂和 Ni-CaO 催化剂，对甲烷水蒸气重整反应的反应机理进行了研究，并比较了两种催化剂上的甲烷水蒸气重整反应机理的异同，发现在 Ni-CaO 催化剂上，其反应机理更倾向于：$CH_4 \rightarrow CH_3 \rightarrow CH_2 \rightarrow CH \rightarrow CHO \rightarrow HCOO \rightarrow CO_2$。另外，$CH_4$ 在催化剂表面的反应还包括 $O(Ni)$ 和 $OH(Ni)$ 的辅助解离，因此，$O(Ni)$ 和 $OH(Ni)$ 的生成对甲烷水蒸气重整反应有着重要影响。Florent 等人对基于 Ni 基涂层上的甲烷水蒸气重整进行了实验研究，发现 ASC 催化剂涂层的活性要比传统的甲烷水蒸气重整反应的催化剂涂层低，其反应机理与 Xu 确定的一致。

甲烷水蒸气重整反应过程比较复杂，仅用几步反应机理并不能全面地概括 H_2 和 CO 的生成过程。因此 Liu 在 Xu 的基础上提出了 18 步甲烷水蒸气重整反应机理，与 Xu 提出的反应机理相比，Liu 提出的反应机理详细概述了 $H_2O(g)$ 在催化剂表面的吸附反应、吸附态的 H_2O 在催化剂表面的解离反应和 $CH_4(g)$ 在催化剂表面的解离反应，另外与 Xu 提出的反应机理不同，Liu 认为 CO 是由 $CH_4(Ni)$ 解离生成的 $C(Ni)$ 与 $O(Ni)$ 反应生成。18 步甲烷水蒸气重整反应机理见表 1-5。

表 1-5　18 步甲烷水蒸气重整反应机理

序号	反　应　式	序号	反　应　式
1	$CH_4(g) + Ni(s) \rightarrow CH_4(Ni)$	10	$CH_3(Ni) + Ni(s) \rightarrow CH_2(Ni) + H(Ni)$
2	$H_2O(g) + Ni(s) \rightarrow H_2O(Ni)$	11	$CH_2(Ni) + Ni(s) \rightarrow CH(Ni) + H(Ni)$
3	$CO(Ni) \rightarrow CO(g) + Ni(s)$	12	$CH(Ni) + Ni(s) \rightarrow C(Ni) + H(Ni)$
4	$CO_2(Ni) \rightarrow CO_2(g) + Ni(s)$	13	$C(Ni) + O(Ni) \rightarrow CO(Ni) + Ni(s)$
5	$2H(Ni) \rightarrow H_2(Ni) + Ni(s)$	14	$CH_2(Ni) + O(Ni) \rightarrow CH_2O(Ni) + Ni(s)$
6	$H_2(Ni) \rightarrow H_2(g) + Ni(s)$	15	$CH_2O(Ni) + Ni(s) \rightarrow CHO(Ni) + H(Ni)$
7	$H_2O(Ni) + Ni(s) \rightarrow OH(s) + H(Ni)$	16	$CO(Ni) + O(Ni) \rightarrow CO_2(Ni) + Ni(s)$
8	$OH(Ni) + Ni(s) \rightarrow O(Ni) + H(Ni)$	17	$CHO(s) + Ni(s) \rightarrow CO(s) + H(s)$
9	$CH_4(Ni) + Ni(s) \rightarrow CH_3(Ni) + H(Ni)$	18	$CHO(Ni) + O(Ni) \rightarrow CO_2(Ni) + H(Ni)$

Niu 等人基于 Ni 基催化剂、Pt 基催化剂和 Ni-Pt 基催化剂，通过 DFT 理论对甲烷水蒸气重整反应进行研究，分析了甲烷水蒸气重整的反应机理，得到了 25 步甲烷水蒸气重整反应机理，概括了 $CH_4(g)$ 和 $H_2O(g)$ 在催化剂表面详细解离过程：$CH_4(g)$ 在催化剂表面的解离过程包括直接解离反应、与 $O(Ni)$ 发生的解离反应以及与 $OH(Ni)$ 发生的解离反应，并且 $CH_4(g)$ 在催化剂表面解离过程中逐步生成 $H(Ni)$；$H_2O(g)$ 首先吸附在催化剂表面生成 $H_2O(Ni)$，$H_2O(Ni)$ 再发生解离反应生成 $OH(Ni)$ 和 $H(Ni)$，另外 $OH(Ni)$ 也在催化剂表

面发生解离反应生成 O(Ni) 和 H(Ni)。与其他反应机理相比，Niu 提出的反应机理指出了 CHOH(Ni)、COH(Ni) 和 HCO(Ni) 详细的生成机理，即由 CH(Ni) 与 O(Ni) 或者 OH(Ni) 反应生成，以及 CO(Ni) 的生成机理也与其他反应机理不同，CO(Ni) 不仅可由 COH(Ni) 在催化剂表面发生解离反应生成，还可由 C(Ni) 和 O(Ni) 反应生成。25 步甲烷水蒸气重整反应机理见表 1-6。

表 1-6　25 步甲烷水蒸气重整反应机理

序号	反 应 式	序号	反 应 式
1	$CH_4(g) + 2Ni(s) \rightarrow CH_3(Ni) + H(Ni)$	14	$CHO(Ni) + Ni(s) \rightarrow CO(Ni) + H(Ni)$
2	$CH_3(Ni) + Ni(s) \rightarrow CH_2(Ni) + H(Ni)$	15	$CH(Ni) + OH(Ni) \rightarrow CHOH(Ni) + (Ni)$
3	$CH_2(Ni) + Ni(s) \rightarrow CH(Ni) + H(Ni)$	16	$CHOH(Ni) + Ni(s) \rightarrow CHO(Ni) + H(Ni)$
4	$CH(Ni) + Ni(s) \rightarrow C(Ni) + H(Ni)$	17	$CHOH(Ni) + Ni(s) \rightarrow COH(Ni) + H(Ni)$
5	$CH_4(g) + O(Ni) + Ni(s) \rightarrow CH_3(Ni) + OH(Ni)$	18	$COH(Ni) + Ni(s) \rightarrow CO(Ni) + H(Ni)$
6	$CH_4(g) + OH(Ni) \rightarrow CH_3(Ni) + H_2O(g)$	19	$C(Ni) + O(Ni) \rightarrow CO(Ni) + Ni(s)$
7	$CH_3(Ni) + O(Ni) \rightarrow CH_2(Ni) + OH(Ni)$	20	$C(Ni) + OH(Ni) \rightarrow COH(Ni) + Ni(s)$
8	$CH_3(Ni) + OH(Ni) \rightarrow CH_2(Ni) + H_2O(g) + Ni(s)$	21	$CH(Ni) + Ni(s) \rightarrow C(Ni) + H(Ni)$
9	$CH_2(Ni) + O(Ni) \rightarrow CH(Ni) + OH(Ni)$	22	$COH(Ni) + Ni(s) \rightarrow C(Ni) + OH(Ni)$
10	$CH_2(Ni) + OH(Ni) \rightarrow CH(Ni) + H_2O(g) + Ni(s)$	23	$CO(Ni) + Ni(s) \rightarrow C(Ni) + O(Ni)$
11	$H_2O(Ni) + Ni(s) \rightarrow OH(Ni) + H(Ni)$	24	$CH(Ni) + O(Ni) \rightarrow CHO(Ni) + Ni(s)$
12	$OH(Ni) + Ni(s) \rightarrow O(Ni) + H(Ni)$	25	$CH(Ni) + OH(Ni) \rightarrow CHOH(Ni) + Ni(s)$
13	$CH(Ni) + O(Ni) \rightarrow CHO(Ni) + Ni(s)$		

　　虽然 Niu 提出的反应机理中概括了 $CH_4(g)$ 和 $H_2O(g)$ 在催化剂表面详细的解离过程，但并没有涉及 H(Ni) 和 CO(Ni) 的解吸附反应，即 $H_2(g)$ 和 CO(g) 的生成机理。Hecht 等人对固体氧化物燃料电池（SOFC）中的甲烷水蒸气重整反应进行了实验研究，得到了详细的 42 步甲烷水蒸气重整表面反应机理，详细描述了 SOFC 阳极中的甲烷水蒸气重整反应。与其他反应机理相比，Hecht 提出的反应机理包括 CH_4、H_2O、H_2、CO、CO_2、O_2 在催化剂表面的吸附和解吸附反应，HCO(Ni) 的生成和解离反应以及 CH_4 在催化剂表面的详细解离反应；另外 Hecht 提出的反应机理中 H(Ni) 的解吸附反应和 Hou 提出的反应机理一致，直接由 H(Ni) 在催化剂表面发生解吸附反应生成 $H_2(g)$。42 步甲烷水蒸气重整表面反应机理见表 1-7。

表 1-7　42 步甲烷水蒸气重整表面反应机理

序号	反　应　式	序号	反　应　式
1	$H_2(g) + 2Ni(s) \rightarrow H(Ni) + H(Ni)$	22	$CO_2(Ni) + Ni(Ni) \rightarrow O(Ni) + CO(Ni)$
2	$H(Ni) + H(Ni) \rightarrow 2Ni(s) + H_2(g)$	23	$HCO(Ni) + Ni(Ni) \rightarrow CO(Ni) + H(Ni)$
3	$O_2(g) + Ni(s) + Ni(s) \rightarrow O(Ni) + O(Ni)$	24	$CO(Ni) + H(Ni) \rightarrow HCO(Ni) + Ni(s)$
4	$O(Ni) + O(Ni) \rightarrow Ni(s) + Ni(s) + O_2(g)$	25	$HCO(Ni) + Ni(Ni) \rightarrow CO(s) + CH(Ni)$
5	$CH_4(g) + Ni(s) \rightarrow CH_4(Ni)$	26	$O(Ni) + CH(Ni) \rightarrow HCO(Ni) + Ni(s)$
6	$CH_4(Ni) \rightarrow Ni(s) + CH_4(g)$	27	$CH_4(Ni) + Ni(s) \rightarrow CH_3(Ni) + H(Ni)$
7	$H_2O(g) + Ni(s) \rightarrow H_2O(Ni)$	28	$CH_3(Ni) + H(Ni) \rightarrow CH_4(Ni) + Ni(s)$
8	$H_2O(Ni) \rightarrow Ni(s) + H_2O(g)$	29	$CH_3(Ni) + Ni(s) \rightarrow CH_2(Ni) + H(Ni)$
9	$CO_2(g) + Ni(s) \rightarrow CO_2(Ni)$	30	$CH_2(Ni) + H(Ni) \rightarrow CH_3(Ni) + Ni(s)$
10	$CO_2(Ni) \rightarrow Ni(s) + CO_2(g)$	31	$CH_2(Ni) + Ni(s) \rightarrow CH(Ni) + H(Ni)$
11	$CO(g) + Ni(s) \rightarrow CO(Ni)$	32	$CH(Ni) + H(Ni) \rightarrow CH_2(Ni) + Ni(s)$
12	$CO(Ni) \rightarrow Ni(s) + CO(g)$	33	$CH(Ni) + Ni(s) \rightarrow C(Ni) + H(Ni)$
13	$O(Ni) + H(Ni) \rightarrow OH(Ni) + Ni(s)$	34	$C(Ni) + H(Ni) \rightarrow CH(Ni) + Ni(s)$
14	$OH(Ni) + Ni(s) \rightarrow O(Ni) + H(Ni)$	35	$O(Ni) + CH_4(Ni) \rightarrow CH_3(Ni) + OH(Ni)$
15	$OH(Ni) + H(Ni) \rightarrow H_2O(Ni) + Ni(s)$	36	$CH_3(Ni) + OH(Ni) \rightarrow O(Ni) + CH_4(Ni)$
16	$H_2O(Ni) + Ni(s) \rightarrow OH(Ni) + H(Ni)$	37	$O(Ni) + CH_3(Ni) \rightarrow CH_2(Ni) + OH(Ni)$
17	$OH(Ni) + OH(Ni) \rightarrow O(Ni) + H_2O(Ni)$	38	$CH_2(Ni) + OH(Ni) \rightarrow O(Ni) + CH_3(Ni)$
18	$O(Ni) + H_2O(Ni) \rightarrow OH(Ni) + OH(Ni)$	39	$O(Ni) + CH_2(Ni) \rightarrow CH(Ni) + OH(Ni)$
19	$O(Ni) + C(Ni) \rightarrow CO(Ni) + Ni(s)$	40	$CH(Ni) + OH(Ni) \rightarrow O(Ni) + CH_2(Ni)$
20	$CO(Ni) + Ni(s) \rightarrow O(Ni) + C(Ni)$	41	$O(Ni) + CH(Ni) \rightarrow C(Ni) + OH(Ni)$
21	$O(Ni) + CO(Ni) \rightarrow CO_2(Ni) + Ni(s)$	42	$C(Ni) + OH(Ni) \rightarrow O(Ni) + CH(Ni)$

　　Maier 等人通过实验对 Ni 基催化剂上的甲烷水蒸气重整详细反应机理进行了研究，发现在不同反应温度下，CH_4 在催化剂表面的吸附反应对 CH_4 的解离反应影响最大，并提出了甲烷水蒸气重整 42 步反应机理，与 Wei 等人提出的反应机理一致。Alexandro 等人研究了 Ni 基催化剂上的积碳去除机理，发现在反应过程中，Ni 被氧化为 NiO，其中 NiO 的晶格氧可与沉积在金属上的碳发生氧化反应，通过载体提供的晶格氧对积碳进行氧化，可以有效去除沉积在催化剂表面上积碳，防止催化剂因积碳而失活，从而延长催化剂的使用时间。Delgado 等人对甲烷水蒸气重整的反应机理和 CO 浓度的敏感性进行了研究，发现在水碳比为 1.25、压力为 1 bar❶ 时，CH_4 在催化剂表面的解离反应分为直接解离反应以及与 O 原子或 OH 发生的解离反应，但是直接解离反应占据了反应的 90% 以上；在不同反应温度下，CO 的吸附和解吸附反应，以及 CO_2 的吸附和解吸附反应对 CO 浓

---

❶　$1 bar = 10^5 Pa$。

度的影响最大，并在 Maier 的基础上，提出了甲烷水蒸气重整 52 步反应机理。与 Maier 提出的反应机理相比，Delgado 提出的反应机理考虑得更为全面，包括了 $CO(Ni)$ 在催化剂表面生成 $C(Ni)$ 和 $CO_2(Ni)$ 的反应以及 $COOH(Ni)$ 在催化剂表面的详细反应。在 Delgado 提出的反应机理中，$COOH(Ni)$ 有两个生成路径：$CO_2(Ni)$ 和 $H(Ni)$ 在催化剂表面的反应，$HCO(Ni)$ 和 $OH(Ni)$ 在催化剂表面的反应。52 步甲烷水蒸气重整表面反应机理见表 1-8。

表 1-8　52 步甲烷水蒸气重整表面反应机理

序号	反 应 式	序号	反 应 式
1	$H_2(g)+2Ni(s)\rightarrow 2H(Ni)$	27	$CH_4(Ni)+Ni(s)\rightarrow CH_3(Ni)+H(Ni)$
2	$2H(Ni)\rightarrow 2Ni(s)+H_2(g)$	28	$CH_3(Ni)+H(Ni)\rightarrow CH_4(Ni)+Ni(s)$
3	$O_2(g)+2Ni(s)\rightarrow 2O(Ni)$	29	$CH_3(Ni)+Ni(s)\rightarrow CH_2(Ni)+H(Ni)$
4	$2O(Ni)\rightarrow 2Ni(s)+O_2(g)$	30	$CH_2(Ni)+H(Ni)\rightarrow CH_3(Ni)+Ni(s)$
5	$CH_4(g)+Ni(s)\rightarrow CH_4(Ni)$	31	$CH_2(Ni)+Ni(s)\rightarrow CH(Ni)+H(Ni)$
6	$CH_4(Ni)\rightarrow Ni(s)+CH_4(g)$	32	$CH(Ni)+H(Ni)\rightarrow CH_2(Ni)+Ni(s)$
7	$H_2O(g)+Ni(s)\rightarrow H_2O(Ni)$	33	$CH(Ni)+Ni(s)\rightarrow C(Ni)+H(Ni)$
8	$H_2O(Ni)\rightarrow Ni(s)+H_2O(g)$	34	$C(Ni)+H(Ni)\rightarrow CH(Ni)+Ni(s)$
9	$CO_2(g)+Ni(s)\rightarrow CO_2(Ni)$	35	$O(Ni)+CH_4(Ni)\rightarrow CH_3(Ni)+OH(Ni)$
10	$CO_2(Ni)\rightarrow Ni(s)+CO_2(g)$	36	$CH_3(Ni)+OH(Ni)\rightarrow O(Ni)+CH_4(Ni)$
11	$CO(g)+Ni(s)\rightarrow CO(Ni)$	37	$O(Ni)+CH_3(Ni)\rightarrow CH_2(Ni)+OH(Ni)$
12	$CO(Ni)\rightarrow Ni(s)+CO(g)$	38	$CH_2(Ni)+OH(Ni)\rightarrow O(Ni)+CH_3(Ni)$
13	$O(Ni)+H(Ni)\rightarrow OH(Ni)+Ni(s)$	39	$O(Ni)+CH_2(Ni)\rightarrow CH(Ni)+OH(Ni)$
14	$OH(Ni)+Ni(s)\rightarrow O(Ni)+H(Ni)$	40	$CH(Ni)+OH(Ni)\rightarrow O(Ni)+CH_2(Ni)$
15	$OH(Ni)+H(Ni)\rightarrow H_2O(Ni)+Ni(s)$	41	$O(Ni)+CH(Ni)\rightarrow C(Ni)+OH(Ni)$
16	$H_2O(Ni)+Ni(s)\rightarrow OH(Ni)+H(Ni)$	42	$C(Ni)+OH(Ni)\rightarrow O(Ni)+CH(Ni)$
17	$OH(Ni)+OH(Ni)\rightarrow O(Ni)+H_2O(Ni)$	43	$CO(Ni)+CO(Ni)\rightarrow CO_2(Ni)+C(Ni)$
18	$O(Ni)+H_2O(Ni)\rightarrow OH(Ni)+OH(Ni)$	44	$CO_2(Ni)+C(Ni)\rightarrow CO(Ni)+CO(Ni)$
19	$O(Ni)+C(Ni)\rightarrow CO(Ni)+Ni(s)$	45	$COOH(Ni)+Ni(s)\rightarrow CO_2(Ni)+H(Ni)$
20	$CO(Ni)+Ni(s)\rightarrow O(Ni)+C(Ni)$	46	$CO_2(Ni)+H(Ni)\rightarrow COOH(Ni)+Ni(s)$
21	$O(Ni)+CO(Ni)\rightarrow CO_2(Ni)+Ni(s)$	47	$COOH(Ni)+Ni(s)\rightarrow CO(Ni)+OH(Ni)$
22	$CO_2(Ni)+Ni(s)\rightarrow O(Ni)+CO(Ni)$	48	$C(Ni)+OH(Ni)\rightarrow CO(Ni)+H(Ni)$
23	$HCO(Ni)+Ni(s)\rightarrow CO(Ni)+H(Ni)$	49	$CO(Ni)+H(Ni)\rightarrow C(Ni)+OH(Ni)$
24	$CO(Ni)+H(Ni)\rightarrow HCO(Ni)+Ni(s)$	50	$COOH(Ni)+H(Ni)\rightarrow HCO(Ni)+OH(Ni)$
25	$HCO(Ni)+Ni(s)\rightarrow O(Ni)+CH(Ni)$	51	$HCO(Ni)+OH(Ni)\rightarrow COOH(Ni)+H(Ni)$
26	$O(Ni)+CH(Ni)\rightarrow HCO(Ni)+Ni(s)$	52	

　　虽然 Delgado 提出的甲烷水蒸气重整反应机理较之前的学者提出的更为详细，但 $H_2(g)$ 的生成路径仍是由 $H(Ni)$ 在催化剂表面发生解吸附反应生成，没有考

虑 H(Ni) 在催化剂表面发生反应生成 H_2(Ni) 的过程；并且虽然利用反应机理能够全面详细地描述甲烷水蒸气重整反应的特性，但详细反应机理太过复杂，使得数值仿真的时间和存储空间大量地增加，所以需要在保证甲烷水蒸气重整反应机理精度的前提下，对其进行简化，但目前对甲烷水蒸气重整反应机理的简化研究还较少。因此，本书首先对甲烷水蒸气重整反应机理进行梳理，由于 Delgado 提出的反应机理对甲烷水蒸气重整反应的描述最为全面，因此选择 Delgado 提出的反应机理作为研究的基础；另外，为了更全面地对甲烷水蒸气重整反应进行研究，将 H(Ni) 在催化剂表面反应生成 H_2(Ni) 以及 H_2(Ni) 在催化剂表面发生的解吸附反应加入本书的反应机理中，形成一个包含 56 步基元反应的反应机理，包含了反应中 CH_4、H_2O、CO、H_2 和 O_2 等物质的吸附和解吸附反应，以及吸附态物质在催化剂表面的反应。然后，基于 Chemkin 的 PFR 反应器，对甲烷水蒸气重整反应的工况参数、敏感性和反应速率进行了研究；基于研究结果，对甲烷水蒸气重整反应的反应机理进行了分析。最后，利用基于反应路径通量的直接关系图法对其反应机理进行了简化，并将简化反应机理结果和详细反应机理结果进行对比，验证了简化反应机理的正确性及其适用范围。

2　聚集辐照反应器性能

2.1　太阳能模拟器汇聚热流密度性能

2.1.1　非共轴聚光镜汇聚原理

　　非共轴椭球面聚光镜是在椭球面的基础上，把第二焦平面的能量分散，即能量梯度变小，从而提升焦平面光斑辐照均匀性。其原理是：将椭球的部分弧线 L 以第一焦点 F_1 为支点旋转一定角度 θ 得到弧线 L'，弧线 L' 围绕 x 轴旋转一周，便可获得非共轴的椭球面。非共轴椭球面聚光镜剖面图如图 2-1 所示。其中，F_1、F_2 分别为第一焦点和第二焦点，F_2' 为 F_2 偏转一定角度后的位置，θ 为旋转角，$d_{后}$、$d_{前}$ 分别为非共轴椭球面聚光镜的后端开口直径和前端开口直径。

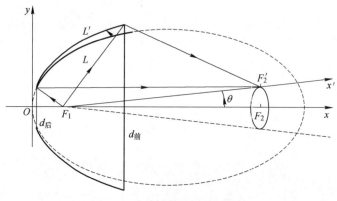

图 2-1　非共轴椭球面几何结构

　　在第一焦点 F_1 处放置一个光源，经非共轴椭球面聚光镜反射把光线聚焦在第二焦平面处形成一个亮环，其亮环半径为：

$$r = \overline{F_1F_2}\tan\theta \tag{2-1}$$

式中　r ——放置在第一焦点的发光源经非共轴聚光镜反射在第二焦面处形成亮环的半径，m；

　　$\overline{F_1F_2}$ ——两焦点间距，m；

　　θ ——旋转角，(°)。

光斑是由无数个半径为 r 的亮环叠加形成的，合理地选择旋转角 θ 可以有效地降低辐照不均匀度。辐照不均匀度是衡量太阳能模拟器光斑均匀性的指标，其计算公式为：

$$E = \frac{E_{max} - E_{min}}{E_{max} + E_{min}} \times 100\% \tag{2-2}$$

式中　E_{max} ——辐照面上辐照最大值，W/m^2；

　　　E_{min} ——辐照面上辐照最小值，W/m^2。

2.1.2　太阳能模拟器焦平面热流密度测量

2.1.2.1　实验仪器介绍

本书所用非共轴椭球面太阳能人工模拟器如图 2-2 所示，主要由氙灯、聚光镜、冷却系统（风冷和水冷）以及控制系统组成。氙灯是太阳能模拟器核心组件，并为其提供光源，其工作原理是：在充满高压氙气环境的阴极、阳极通入直流电，在电场的作用下阴极电子撞向氙原子发生电离从而发光。另一个核心组件是聚光镜，其结构为非共轴椭球面对氙灯发射的光线起到汇聚作用，结构尺寸见表 2-1。由于氙灯光电转化时会产生大量热量，使氙灯和聚光镜温度升高而发生炸裂危险，所以采用冷却系统对其进行降温冷却保证安全运行。其中，风冷通过风机吹风的方式对氙灯和聚光镜表面进行冷却降温，其原理是增加强制对流。水冷则是通过水流将物体的热量带走，聚光镜的热量通过导热的方式将热量传递到水冷装置中，水流再将热量带走；热流密度计中的热量则通过水流直接被带走。太阳能模拟器控制系统包括总开关，控制冷却系统启停的开关以及氙灯电功率调节的开关。

图 2-2　太阳能模拟器结构图

表 2-1　非共轴聚光镜尺寸

参　　数	数　　值
第一焦点 F_1/mm	56
第二焦点 F_2/mm	800
旋转角 θ/(°)	1.25
$d_{后}$/mm	90
$d_{前}$/mm	355
椭圆的离心率 e	0.8691

在使用太阳能模拟器时还要注意一些事项，在给太阳能模拟器通电之前首先需要检查聚光镜镜面是否洁净，镜面有污渍不仅会影响聚光镜反射光线效果，还会损坏反光镜。同时，要保证太阳能模拟器前方不摆放物品，特别是易燃易爆物品，因为太阳能模拟器运转会产生高温损伤或点燃物品。其次，打开总开关给太阳能模拟器通电之后应先打开冷却系统开关（风冷开关和水冷开关）再打开氙灯触发开关，同时观察冷却系统是否正常运转，因为先打开氙灯触发开关或冷却系统不能正常工作都会使系统运转产生高温，而系统中的氙灯、聚光镜、热流传感器等仪器得不到冷却会导致损坏。

实验过程中还需要用到的仪器包括：热流传感器、热流传感器固定板、导轨、升降台、多通道数据采集仪以及计算机等。在实验过程中热流传感器起到接收热信号的作用，满量程输出信号为 10.4 mV（1000 kW/m²）。热流传感器固定板起加固热流传感器的作用，同时通过螺栓将其与导轨固定在一起。导轨起横向移动热流传感器的作用，其量程为 200 mm。升降台起纵向移动热流传感器的作用，其量程为 75~285 mm。由于升降台升降幅度呈非线性，因此需要借助一把钢尺测量其移动幅度，钢尺量程为 300 mm。多通道数据采集仪起到将热流传感器的热信号转化为电信号的作用。计算机用来统计多通道数据采集仪转化的电信号。整个实验过程为：太阳能模拟器进行光电转换后产生热信号，热信号进入热流传感器进行热电转换后产生电信号，电信号进入多渠道数据采集仪被其读取，最后被读取的数据在计算机中进行记录保存。整个实验流程如图 2-3 所示。

2.1.2.2　实验测量

实验采用直接热流密度测量法，对太阳能模拟器焦平面热流密度进行测量。实验测量系统如图 2-4 所示，采用热流密度计对汇聚光斑热流密度进行测量，测量数据通过多通道数据采集仪进行显示。导轨和升降台的作用分别是在测量时调节热流密度计的水平和竖直方向的位置。实验测量了光斑直径为 60 mm 的能流密度分布，测量点的分布如图 2-5 所示，以光斑圆心为坐标原点，水平方向为 x 轴，

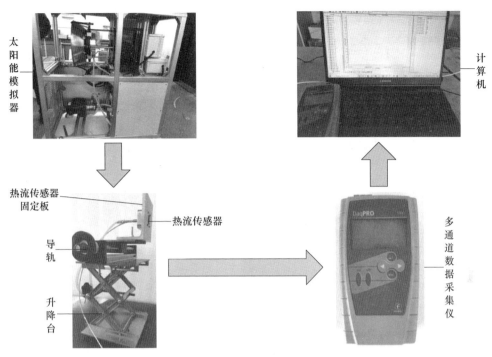

图 2-3　实验仪器及实验流程

竖直方向为 y 轴建立坐标系。测试时内两环间距为 5 mm，其他环间距为 4 mm，可以更清楚地看出趋势走向。

图 2-4　实验测量系统

图 2-6 是在测量太阳能模拟器电功率在 2.4 kW 情况下，测试直径为 60 mm

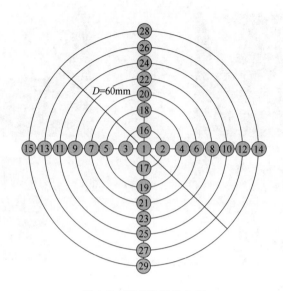

图 2-5   测点位置的分布

时汇聚光斑水平和竖直方向上的热流密度曲线，同时作为第 3 章热源使用。从图 2-6 中可以看出，汇聚光斑的最大热流密度为 848.04 kW/m²，热流密度由光斑中心沿 x 轴、y 轴的正负半轴方向逐渐减小，整体呈现出高斯分布。由于太阳能模拟器为非共轴椭球面聚光镜，汇聚光斑能流密度呈类高斯分布曲线，且可能存在安装误差等因素，所以存在一定误差导致对称并不完美。

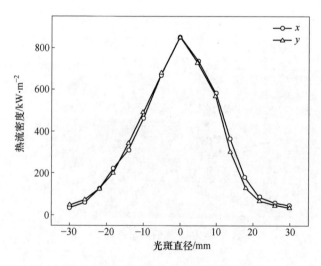

图 2-6   不同光斑直径的热流密度曲线

2.1.3 非共轴聚光镜模型建立及验证

2.1.3.1 Tracepro 光学软件介绍

本书用到的光学模拟软件为 Tracepro，是美国开发的一种基于蒙特卡罗法的光学模拟软件，主要用于照明系统分析、传统光学分析、辐照度和广度分析。与传统方法相比，Tracepro 在模型建立和显示模型方面对时间和成本的消耗大大降低。蒙特卡洛光线追迹法在光学和太阳能等领域应用广泛，不仅可以分析光线传播的方向，还可以分析光照强度和分布状况。

蒙特卡洛模拟计算的基本思想是：将光线传输过程中的发射、反射、吸收等分解成独立的子过程进行概率统计计算。其求解思路、步骤和大多数模拟软件相似，首先需要建立模型，简单的模型在软件里可以直接完成，较为复杂的模型可以通过一些建模软件建立后再导入 Tracepro 中。然后进行材料和表面属性的定义，既可以选择属性里的材料和表面属性，也可以根据用户需求进行自定义，之后把这些属性加载到模型的组件或表面上，材料和表面属性代表研究对象所具备的特征，例如发射、折射、吸收和散射等。最后利用软件的分析功能对光线的痕迹、形状大小和能量分布进行分析。该软件界面如图 2-7 所示。

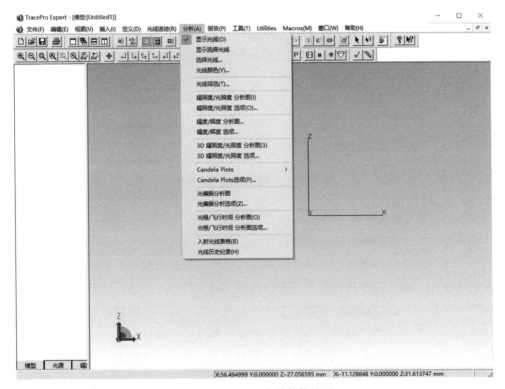

图 2-7　Tracepro 光学软件界面

2.1.3.2　非共轴聚光镜模型建立

通过 Tracepro 软件对图 2-2 中太阳能模拟器非共轴聚光镜进行模型建立。根据实验设备实际尺寸，通过 CAD 建立非共轴椭球面聚光镜模型，并将非共轴聚光镜框架导入 Tracepro 进行光源建模。考虑到光源在阳极±45°和阴极±30°范围内几乎无光线产生，于是把光源假设为直径和长度均为 2 mm 且两端不发光的圆柱体模型。由于光源两极一定角度内无光线发出，所以只需把光源模型侧面设置为光源。根据厂家提供的聚光镜反射面材料信息，将非共轴聚光镜反射面总反射率设置为 0.9；将遮光板设置在聚光镜第二焦平面处，其表面属性设置为完全吸收光线。图 2-8 为 Tracepro 软件建立的太阳能模拟器框架模型。

图 2-8　太阳能模拟器框架模型

2.1.3.3　模型验证

图 2-9 为太阳能模拟器的模拟结果与实验测量结果对比。从图中可以看出，模拟结果热流密度分布由中心向外逐渐降低呈类高斯分布曲线，实验测量热流密度分布由中心向外逐渐降低呈高斯分布曲线，两者趋势一致吻合较好，但仍存在误差。分析认为，造成模拟结果与实验结果产生误差的主要原因是：由于在模拟中光源形状和尺寸难以确定，因此需要对其形状及尺寸进行假设，从而导致模拟结果与实验结果产生误差。模拟与实验所得热流密度趋势与文献结果趋势一致，误差范围合理，因此该模型可以用于后续研究。

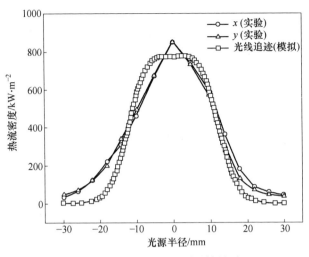

图 2-9 模拟结果与实验测量结果对比

2.1.4 非共轴聚光镜结构参数对汇聚热流密度的影响

2.1.4.1 旋转角 θ 对汇聚热流密度的影响

图 2-10 为聚光镜旋转角 θ 对热流密度峰值的影响。计算参数为：聚光镜前端开口直径 355 mm、后端开口直径 90 mm 以及安装无误差的条件下，随着聚光镜旋转角 θ 的增大，汇聚热流密度峰值从 1979 kW/m^2 到 658.5 kW/m^2 呈下降趋势，辐照不均匀度从 68.5% 降低到 11.3%。聚光镜旋转角 θ 增大时，由式(2-1)可知，经非共轴聚光镜反射汇聚的热流密度光环半径变大，汇聚热流密度趋于平

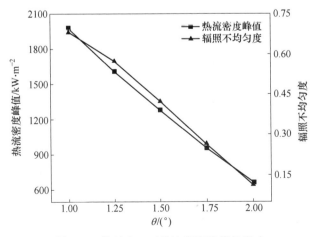

图 2-10 旋转角 θ 对热流密度峰值的影响

缓，汇聚热流密度的峰值降低，辐照不均匀度降低。实验结果与 Xiao 等人通过模拟对聚光镜旋转角 θ 研究结果趋势一致，随着聚光镜旋转角 θ 的增加热流密度的峰值和辐照不均匀度降低。图 2-11 为聚光镜在不同旋转角 θ（1°、1.25°、1.75°、2°）下汇聚热流密度峰值曲线。为了对比汇聚热流密度分布曲线，选取汇聚热流密度的光斑直径为 70 mm，可以看出随着偏转角 θ 的增加热流密度曲线由"瘦高"逐渐变得"矮胖"，对应的热流密度峰值下降，辐照不均匀度逐渐变得均匀。图 2-12 是聚光镜在不同旋转角 θ 下汇聚热流密度平面图，从图中可以清楚地看出，随着旋转角 θ 的增加汇聚光斑也随之变大。因此，聚光镜旋转角 θ 大小的设定，应根据实验需要的热流密度和辐照不均匀度进行合理选择。

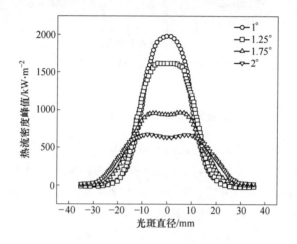

图 2-11 不同旋转角 θ 下热流密度峰值曲线

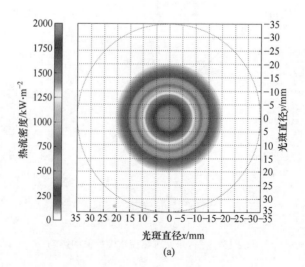

(a)

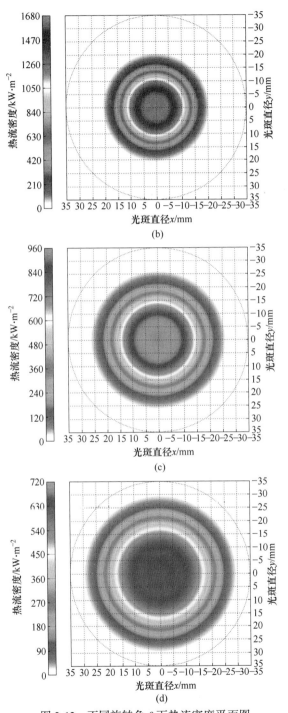

图 2-12　不同旋转角 θ 下热流密度平面图

（a）$\theta=1°$；（b）$\theta=1.25°$；（c）$\theta=1.75°$；（d）$\theta=2°$

图 2-12 彩图

2.1.4.2 后端开口直径对汇聚热流密度的影响

图 2-13 为聚光镜后端开口直径对汇聚热流密度的影响。计算参数为：聚光镜旋转角 1.25°、前端开口直径 355 mm 不变以及无安装误差的情况下，随着聚光镜后端开口直径的增加汇聚热流密度峰值从 1718.1 kW/m² 到 1520.5 kW/m² 呈下降趋势，辐照不均匀度从 54.9% 上升到 58.3%。由于增大聚光镜后端开口直径导致聚光镜反射面积减少，汇聚在热流密度上的光线条数减少，所以峰值降低。由式（2-2）得出，热流密度最大值降低快而且最小值降低慢，所以辐照不均匀度上升。图 2-14 为聚光镜不同后端开口直径下汇聚热流密度峰值曲线对比，从图中可以更直观地看出，热流密度峰值降低。从图 2-11 与图 2-14 中热流密度峰值曲线对比可以看出，聚光镜旋转角 θ 对热流密度性能的影响比后端开口直径对其影响较大。图 2-15 为聚光镜不同后端开口直径下汇聚热流密度平面图，从图中可以看出，不同后端开口直径对汇聚热流密度大小几乎无影响。

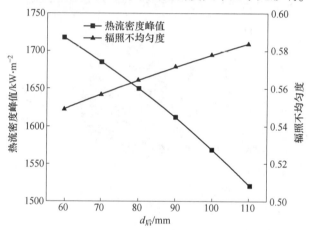

图 2-13　后端开口直径对热流密度峰值的影响

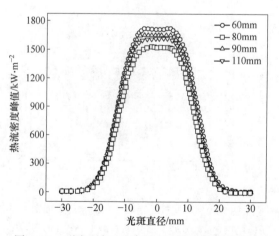

图 2-14　不同后端开口直径下热流密度峰值曲线

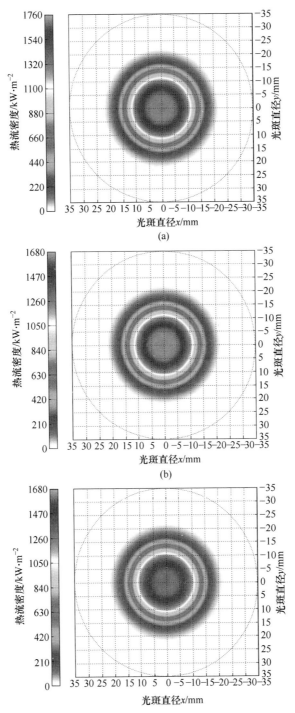

(a)

(b)

(c)

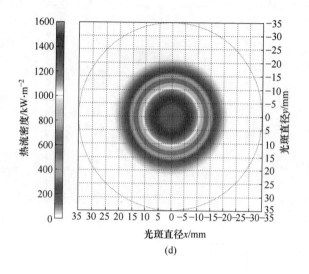

图 2-15　不同后端开口直径下热流密度平面图　　　　图 2-15 彩图

（a）$d_后$ = 60 mm；（b）$d_后$ = 80 mm；（c）$d_后$ = 90 mm；（d）$d_后$ = 110 mm

2.1.4.3　前端开口直径对汇聚热流密度的影响

图 2-16 为聚光镜前端开口直径对汇聚热流密度峰值的影响。计算参数为：聚光镜旋转角 1.25°、后端开口直径 90 mm 不变以及无安装误差的情况下，随着聚光镜前端开口直径增大热流密度峰值从 1585.7 kW/m² 到 1623 kW/m² 增加趋势变缓，辐照不均匀度从 61.7% 降低到 50.8% 均匀性得到改善。聚光镜前端开口直

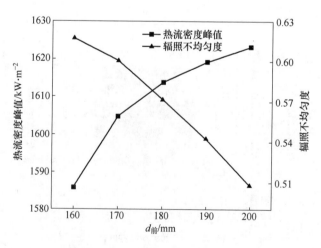

图 2-16　前端开口直径对热流密度峰值的影响

径增大，聚光镜反射面积增大，汇聚在光斑上的光线数增加，即热流密度峰值增加。此原理与 Shah 等人提到的直径尽可能地大，以最大限度汇聚光线原理一致。由式（2-2）可知，热流密度最大值小幅度增加，而且最小值大幅度增加，会导致辐照不均匀度降低。图 2-17 和图 2-18 展示了聚光镜不同前端开口直径下汇聚热流密度峰值曲线对比图和热流密度平面图。从图 2-17 中可以看出，聚光镜前端开口直径对热流密度峰值影响很小；从图 2-18 可以看出，聚光镜前端开口直径对汇聚热流密度影响较小。

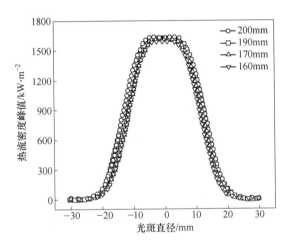

图 2-17　不同前端开口直径下热流密度峰值曲线

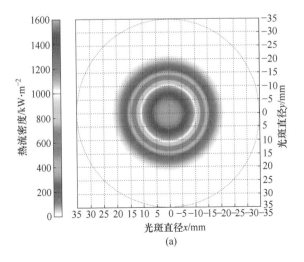

(a)

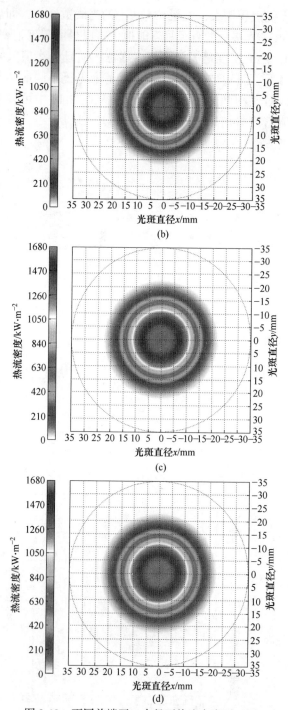

图 2-18　不同前端开口直径下热流密度平面图

（a）$d_{前}=160$ mm；（b）$d_{前}=170$ mm；（c）$d_{前}=190$ mm；（d）$d_{前}=200$ mm

图 2-18 彩图

2.1.5 光源安装误差对汇聚热流密度的影响

2.1.5.1 光源离焦对汇聚热流密度的影响

图 2-19 为光源发生离焦时热流密度峰值曲线对比。计算参数为：聚光镜旋转角 1.25°、前端开口直径 355 mm、后端开口直径 90 mm 以及光源无偏转的情况下，以第一焦点为坐标原点，太阳能模拟器光线汇聚方向为正方向，光源发生离焦，且离焦尺寸分别为 -1 mm、0 mm 和 1 mm。从图 2-19 中可以看出，如果在进行光源安装操作时失误使光源发生离焦，会对焦平面的汇聚热流密度产生较大影响。在离焦 1 mm 的情况下，热流密度峰值上升、辐照不均匀度下降；在离焦 -1 mm 的情况下，导致热流密度峰值大幅度降低，而辐照不均匀度上升。图 2-20 为离焦 -1 mm、0 mm、1 mm 情况下第二焦平面汇聚热流密度平面图，从图中可以看出，离焦对光斑直径产生影响。由此可以得出，离焦对热流密度和热流密度峰值都有负影响，因此在光源安装操作时应避免安装误差的出现。

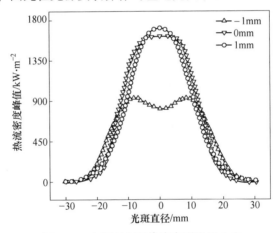

图 2-19 光源离焦下热流密度峰值曲线

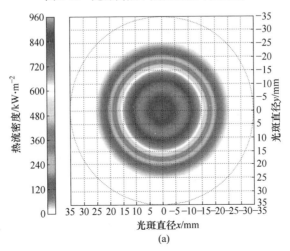

(a)

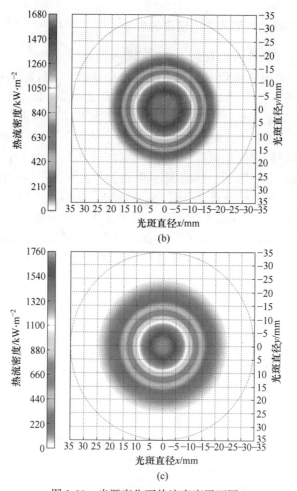

图 2-20 光源离焦下热流密度平面图

（a）离焦-1 mm；（b）离焦 0 mm；（c）离焦 1 mm

图 2-20 彩图

2.1.5.2 光源偏转角度对汇聚热流密度的影响

图 2-21 为光源偏转角度对汇聚热流密度峰值的影响。计算参数为：聚光镜旋转角 1.25°、前端开口直径 355 mm、后端开口直径 90 mm 不变以及无离焦的情况下，模拟光源安装角度对热流密度的影响。观察到氙灯本身具有一定的形状，因此在工作时会产生不发光区域（氙灯阳极、阴极），所以在安装时会对汇热流密度造成一定的影响。从图 2-21 中可以看出，光源角度对汇聚热流密度峰值有所影响，对热流密度辐照不均匀度有非常小的影响，但也有所增加。由于光源具有一定的形状和不发光区域，在光源发生偏转时侧面发光区域光线直射到遮光板上，对热流密度峰值和辐照不均匀度有所影响。因此，在氙灯安装时应避免光源偏转的出现，尽可能地降低对汇聚热流密度的影响。

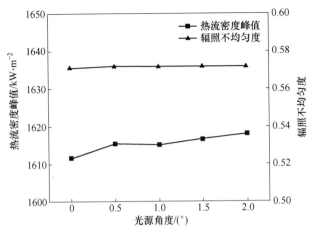

图 2-21　光源角度对热流密度峰值与辐照不均匀度的影响

2.1.6　太阳能模拟器功率对汇聚热流密度峰值的影响

图 2-22 展示了太阳能模拟器功率对汇聚热流密度峰值的影响规律。计算参数为：聚光镜旋转角 1.25°、前端开口直径 355 mm、后端开口直径 90 mm 以及无安装误差的情况下，模拟计算了太阳能模拟器功率对汇聚热流密度的影响。从图 2-22 中可以看出，随着太阳能模拟器功率的增加，汇聚热流密度峰值也随之增加，同时还可以看出两者呈现出良好的线性关系。当太阳能模拟器功率从 1 kW 增加到 5 kW 时，汇聚热流密度的峰值由 321.8 kW/m² 增加到 1608.6 kW/m²。太阳能模拟器功率增加，汇聚热流密度的峰值也随之增加，这主要是因为增加电功率能够使光源发射出更多的光线聚集在光斑上，所以太阳能模拟器功率越大能量越多，热流密度越大。图 2-23 为汇聚热流密度峰值曲线对比图，从图中可以看出，随着太阳能模拟器功率增加，汇聚流密度峰值曲线越来越陡峭。图 2-24 为

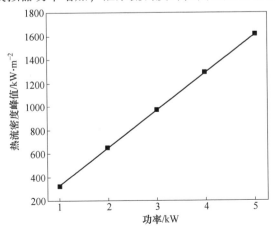

图 2-22　功率对热流密度峰值的影响

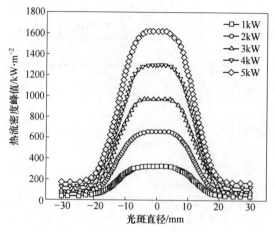

图 2-23   不同功率下热流密度峰值曲线

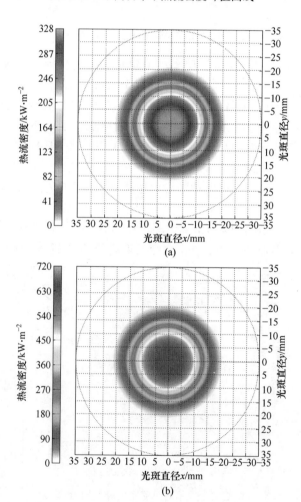

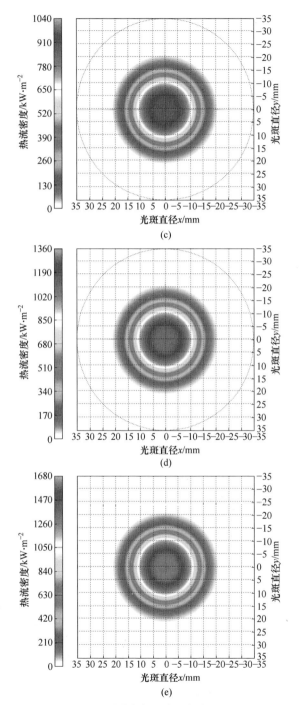

图 2-24 不同功率下热流密度平面图

图 2-24 彩图

(a) 功率为 1 kW; (b) 功率为 2 kW; (c) 功率为 3 kW; (d) 功率为 4 kW; (e) 功率为 5 kW

汇聚热流密度的平面图，从图中可以看出虽然太阳能模拟器功率可以有效地提高汇聚热流密度的峰值，但对汇聚热流密度光斑的尺寸未造成太大的影响。从以上结论得出太阳能模拟器功率与汇聚热流密度成正比，研究者可以根据实验需要进行太阳能模拟器功率调节以达到想要的温度效果。

2.2　太阳能反应器热性能

2.2.1　Fluent 数值模拟软件介绍

本书采用 Fluent 数值模拟软件，它是最为常见的商用 CFD 软件之一，不仅可以分析不可压、可压、层流以及湍流问题，还可以与工程实际相结合，分析热传导模型、多孔介质模型以及移动坐标系模型等。正因如此，它在航空航天、材料冶金、石油化工等许多模拟计算领域应用广泛。

2.2.1.1　Fluent 软件结构

Fluent 包含三部分：前处理器、求解器和后处理器。

（1）前处理器。前处理器（Gambit）为 Fluent 早期开发的软件，它可以实现模型建立、进行网格划分以及边界的设置。另外，它可以处理一些来自其他 CAD软件的模型，例如 Solid Works、UG 等软件，生成四面体、六面体等结构化网格以及非结构化网格。Gambit 还可以处理结构复杂的几何体，将其分区来提高各个区域内的网格质量。同时，对导入模型修补缺口、去除单独辅助线以及自动合并多余的点、线、面，从而保证模型的精度。随着科技发展越来越多复杂模型的出现，结构化网格解决此类模型显得力所不及。而非结构化网格能够很轻松地解决此类模型，耗时少、投入少、自动化程度高，因此得到广泛应用。

（2）求解器。求解器为使模拟结果与实际结果更接近提供了许多模型，例如：湍流模型、辐射传热模型以及多相流模型，使 Fluent 可以模拟现实生活中的流体流动和辐射换热等过程。在 Fluent 中还可以对材料属性、求解方式、边界条件进行设置。同时 Fluent 在网格上有很大的包容性，可以适用结构化网格、非结构化网格以及结构化与非结构化的混合网格。

（3）后处理。Fluent 自身拥有强大的后处理功能，不仅可以根据计算结果进行网格的疏密自适应调整，还可以将模拟出来的速度场、温度场、压力场等结果绘制成更加直观形象的云图、迹线图、矢量图以及剖面图等，也可以将结果导出，放到 Tecplot、Fieldview、Origin 等软件中进行后处理。

Fluent 软件求解流程如图 2-25 所示。首先，要根据实际问题从传热学、流体力学等基本原理出发进行控制方程的建立；其次，进行定解条件的确定，在计算稳态问题时只需给定边界条件；而非稳态还要考虑初始条件；第三，对计算区域进行网格划分，为了方便计算域上的控制方程进行离散；第四，建立离散方程并离散初始条件和边界条件；最后，利用数学方法对离散方程进行求解。

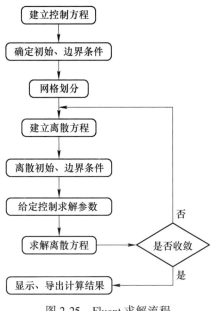

图 2-25　Fluent 求解流程

2.2.1.2　数值方法

自然界中任何问题都会遵守三大基本守恒定律与其对应的守恒控制微分方程。总的来说，热流体的数值求解就是对控制微分方程的求解，得到与实际相接近的近似解。数值方法就是用一些离散点的变量值替代时间域和空间域上连续的物理场，然后将离散点的变量之间通过一定的原则建立起代数方程组，最后对代数方程组进行求解得到场变量的近似解。卜面对两种常见的数值方法进行介绍。

（1）有限元法（finite element method，FEM）。该法早在 20 世纪就开始出现应用，它是将求解区域划分成一些微小单元，然后对控制方程进行积分，从而获得离散方程。将每个微小单元假设成一个形状函数，该形状函数就是微小单元中节点上被求变量的值，然后将假设的形状函数代入控制方程继续求解。在积分之前需要将控制方程乘以一个选定的权函数，并且需要所有控制方程余量的加权平均值是零。有限元法是一种最为常见的一种数值方法，其最大优点是适用于不规则几何区域，特别是几何条件和物理条件复杂的情况更实用，而且在固体力学分析中几乎都会用到有限元法。但有限元法也有一定的缺点，和有限体积法相比，该法的求解速度较慢。

（2）有限体积法（finite volume method，FVM）。该法是将求解区域划分成一些不重复的控制体积，且每个网格点的四周都存在一个控制体积，然后对每一个控制体积对应的微分方程进行积分得到离散方程。有限体积法通俗易懂的求解思路，能够直接得出物理解释，这是有限体积法被人看好的优点。有限差分法等一些离散方法只有在网格细密的时候离散方程才能达到积分守恒，而有限体积法对于较粗的网格也能够达到积分守恒。经过近几年的发展和应用，有限体积法成为最普遍的离散化方法，具有较高的计算效率。

2.2.1.3　自定义函数简介

数值模拟过程中用到了 UDF（user define function），即用户自定义函数，它是用户和 Fluent 的一个接触端，用户可以通过它进入 Fluent 内部数据进行设置，解决一些 Fluent 自身不能解决的参数设置。UDF 的编写必须用到 C 语言，但并不是 C 语言写出的 UDF 都可以用到 Fluent 内部数据中，需要使用 Fluent 提供的预定义宏才可以自定义函数。相当于用户需要根据自己的目的，找到对应的宏进行组成。在 UDF 编写完成之后需要进行调试，虽然调试需要在 Fluent 中完成，但修改无法在这里完成。因为 Fluent 只能够发现错误的存在，无法对错误进行修改，需要回到源文件进行修改，直到在 Fluent 中通过调试。通过 UDF 可以对许多 Fluent 内部数据进行自定义，包括：材料特性、边界条件、扩散系数函数、求解初始化、改善现有的 Fluent 辐射模型，以上都是在 Fluent 中较难完成但实际又常用到的。

2.2.2　物理模型

本书基于 5 kW 太阳能模拟器自行设计的太阳能反应器如图 2-26 所示，由于太阳能模拟器在焦平面形成约 70 mm 的光斑直径，所以将太阳能反应器采光口有效直径设置为 80 mm。因为采光口直径略大于光斑直径是让光斑的焦平面落在采

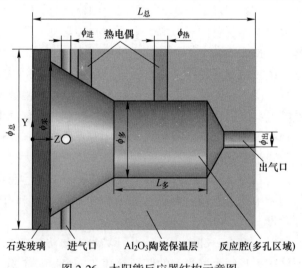

图 2-26　太阳能反应器结构示意图

光口后面，从而降低石英玻璃所承受的温度压力。太阳能反应器主要结构尺寸见表 2-2，太阳能反应器主要结构包括石英玻璃、进气口、出气口、热电偶、反应腔以及 Al_2O_3 陶瓷保温层等。太阳能模拟器产生的聚焦热量经过采光口进入太阳能反应器内部，为太阳能反应器提供热源。石英玻璃不仅可以将反应腔与外界环境隔离开，同时还能保障太阳能模拟器汇聚的光线能够更多地进入太阳能反应器内部，拥有较高的透射率。进气口采取周向对称布置，不仅可以达到清洁石英玻璃的效果，还可以起到对其冷却防止炸裂的作用。太阳能反应器的反应区域以外则是由 Al_2O_3 陶瓷构成的保温层，其导热能力直接影响保温效果。光线通过采光口进入太阳能反应器内部，在 Al_2O_3 陶瓷保温层内表面发生反射、散射、吸收等现象。

表 2-2　太阳能反应器的主要参数　　　　　　　　（mm）

参　　数	数　　值
总长度 $L_总$	120
总直径 $\phi_总$	94
采光口直径 $\phi_采$	80
进气口直径 $\phi_进$	5
出气口直径 $\phi_出$	8
热电偶直径 $\phi_热$	7
多孔区域长度 $L_多$	50
多孔区域直径 $\phi_多$	40

2.2.3　数学模型

由于本书牵涉流动和传热问题，所以需要用到数值模拟求解的三大基本方程，即连续性、动量以及能量方程；同时涉及辐射的参与，所以还需要用到辐射传递方程。

2.2.3.1　连续性方程

质量守恒定律在流体力学中的具体表达形式是连续性方程，即流体作为连续性介质在流动过程中，不仅没有新流体质量产生也没有原流体质量被消耗。

$$\frac{\partial \rho}{\partial t} + \frac{\partial(\rho u)}{\partial x} + \frac{\partial(\rho v)}{\partial y} + \frac{\partial(\rho w)}{\partial z} = 0 \tag{2-3}$$

式（2-3）中 $\frac{\partial(\rho u)}{\partial x} + \frac{\partial(\rho v)}{\partial y} + \frac{\partial(\rho w)}{\partial z}$ 可用 ∇ 代替，即

$$\frac{\partial \rho}{\partial t} + \nabla \cdot (\rho \boldsymbol{u}) = 0 \tag{2-4}$$

式中　ρ ——流体密度，kg/m^3；

　　t ——时间，s；

　　∇ ——汉密尔顿算子；

　　$\boldsymbol{u}$ ——速度矢量，m/s；

　　u ——速度矢量 $\boldsymbol{u}$ 在 x 方向上的矢量；

　　v ——速度矢量 $\boldsymbol{u}$ 在 y 方向上的矢量；

　　w ——速度矢量 $\boldsymbol{u}$ 在 z 方向上的矢量。

2.2.3.2　动量方程

系统内流体动量与时间的变化率相当于外力作用在系统上的矢量和。

$$\rho\frac{D\boldsymbol{u}}{Dt} = \rho f - \nabla p + \nabla\tau_{ij} \tag{2-5}$$

式中　f ——表面力，N；

　　p ——静压，Pa；

　　τ_{ij}——作用在微元六面体上的黏性应力张量，N/m^2。

2.2.3.3　能量守恒方程

　　能量守恒在热力学系统中可以表达为：微元体内热力学能增加率由进入微元体的净热流量及体积力与表面力对微元体做的功。

$$\frac{\partial}{\partial t}(\rho h) + \frac{\partial}{\partial x_i}(\rho u_i h) = \frac{\partial}{\partial x_i}(k + k_t)\frac{\partial T}{\partial x_i} + S_h \tag{2-6}$$

式中　k ——分子热导率，W/(m·K)；

　　k_t ——由于湍流扩散引起的热导率，W/(m·K)；

　　S_h ——定义的体积热源。

2.2.3.4　辐射传递方程

　　由于光线在太阳能反应器内具有辐射特性，因此在模拟太阳能反应器内部温度分布时采用 DO 辐射模型，其表达式如下：

$$\frac{dI(\boldsymbol{r}, \boldsymbol{s})}{dS} + (\alpha + \sigma_s)I(\boldsymbol{r}, \boldsymbol{s}) = \alpha n^2\frac{\sigma T^4}{\pi} + \frac{\sigma_s}{4\pi}\int_0^{4\pi}I(\boldsymbol{r}, \boldsymbol{s})\phi(\boldsymbol{s}, \boldsymbol{s}')d\Omega \tag{2-7}$$

式中　$\boldsymbol{r}$ ——位置向量；

　　$\boldsymbol{s}$ ——方向向量；

　　S ——行程长度，m；

　　α ——吸收系数；

　　σ_s ——散射系数；

　　$\alpha + \sigma_s$ ——介质的光学深度；

　　n ——折射系数；

　　σ ——斯蒂芬-玻耳兹曼常量，$\sigma = 5.672\times10^{-8}$ W/(m·K)；

　　I ——辐射强度；

ϕ ——相位函数；

s' ——散射方向；

Ω ——空间立体角，sr。

2.2.4 求解设置及模型验证

2.2.4.1 辐射模型选择

在 Fluent 求解辐射问题时提供了五种辐射模型，分别为：P1 辐射模型、Rosseland 辐射模型、离散坐标辐射模型（DO）、表面辐射模型（S2S）、离散传递辐射模型（DTRM）。在这五种辐射模型中，P1 和 Rosseland 辐射模型适用于光学深度较大的辐射问题，其中 P1 适用于 1~3 的光学深度、Rosseland 适用于大于 3 的光学深度；DO 辐射模型适用于所有光学深度的辐射问题；S2S 辐射模型适用于没有介质参与的封闭空间中的辐射问题，角系数是面与面之间辐射的关键；DTRM 辐射模型同样适用于所有光学深度的辐射问题，且需要自定义射线数量，射线数量越多计算结果越精确越接近实际。由于本书模型中用到半透明介质石英玻璃，因此选用辐射模型为离散坐标辐射模型（DO）。

2.2.4.2 边界条件

在模拟太阳能反应器温度分布过程中，采光口入口热量为拟合的"双高斯"热流，进气口采用速度入口，出气口采用压力出口。其中，2.4 kW 太阳能模拟器功率是通过实验测量获得的，测量了汇聚光斑直径为 60 mm 时水平和竖直方向上的热流密度曲线，结果如图 2-6 所示。通过实验数据可以拟合出"双高斯"能量密度公式（2-8），再利用自定义 UDF 加载到太阳能反应器模型中。在模拟过程中，其他相关计算参数见表 2-3。

$$q_w = \begin{cases} q_0 + q_{peak} \times \exp\left[-0.5 \times \left(\dfrac{r + r_c}{\omega}\right)^2\right], & r \leqslant 0 \\[3mm] q_0 + q_{peak} \times \exp\left[-0.5 \times \left(\dfrac{r - r_c}{\omega}\right)^2\right], & r > 0 \end{cases} \tag{2-8}$$

式中，q_w 为热流密度，kW/m^2；q_0 为热流密度最小值，kW/m^2；q_{peak} 为热流密度最大值，kW/m^2；r 为热流密度坐标，m；r_c 为热流密度峰值坐标，m；ω 为标准方差。

表 2-3　计算过程所用参数

参　　数	数　　值
太阳能模拟器功率 P/kW	2~5
气体入口速度 $v/\text{m} \cdot \text{s}^{-1}$	0.002~0.005
压力/MPa	0.1~2.0

续表 2-3

参 数	数 值
气体入口温度 T/K	300
内壁材料发射率 ε	$0.2\sim0.5$

2.2.4.3 材料属性

太阳能反应器进行模拟时主要牵涉到石英玻璃、Al_2O_3 陶瓷、空气，由于不考虑化学反应的影响，用空气（理想气体）代替载气。其相关材料的主要热物理性能和光学性能参数见表 2-4 和表 2-5。

表 2-4 材料的热物理性能

材 料	ρ /kg · m^{-3}	c_p/J · (kg · K)$^{-1}$	k_c/W · (m · K)$^{-1}$
空气 （理想气体）	—	$1.06\times10^3-0.449T+1.14\times10^{-3}T^2-$ $8\times10^{-7}T^3+1.93\times10^{-10}T^4$	$-3.93\times10^{-3}+1.02\times10^{-4}T-$ $4.86\times10^{-8}T^2+1.52\times10^{-11}T^3$
Al_2O_3 陶瓷	3960	$-136.09+4.44T-2.87\times$ $10^{-3}T^2+3.88\times10^{-6}T^3$	$35.25-0.035T+1.34\times10^{-5}T^2$
石英玻璃 （SiO$_2$）	2200	0.966	2.09

表 2-5 材料的光学性能

材 料	ε	n
空气 （理想气体）	—	1.0003
Al_2O_3 陶瓷	0.26	1.76
石英玻璃 （SiO$_2$）	0.47	1.544

2.2.4.4 模型验证

本模型是通过三维建模软件 SpaceClaim 进行绘制，然后将模型导入 ICEM CFD 进行网格绘制。由于模拟的区域为复杂的三维结构，对其进行结构化网格划分非常困难，因此选用非结构化网格划分。最后在 Fluent 进行数值模拟，模拟过程中相关残差收敛标准均设定为 10^{-6}。为了排除网格数量对计算结果的影响，对不同网格数量的模拟结果进行比较，当网格数量为 2050436 和 3789754 时，两者模拟的太阳能反应器温度分布结果一致。为了达到计算结果的准确性并避免非必要计算，经研究选取网格数量为 2050436 的模型进行模拟计算。

为了验证本书所建太阳能反应器模型进行热性能分析的准确性，采用文献的计算参数对比计算了太阳能反应器内部温度分布情况，计算参数为：采光口太阳能模拟器功率 10 kW、气体入口速度 0.005 m/s、气体入口温度 300 K、太阳能反应器工作压力 1 atm❶，计算结果如图 2-27 所示。从图中可以看出，本书模拟结果和文献模拟结果随着反应器中心线距离的增加太阳能反应器内部温度逐渐下降。本书模型模拟结果与文献模拟结果分布趋势一致，吻合较好，因此本书模型可用于后续的太阳能反应器热性能研究。

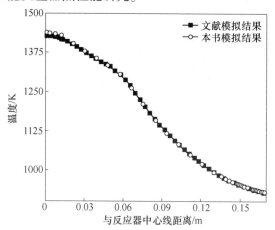

图 2-27　本书模拟结果与文献模拟结果对比

2.2.5　太阳能反应器热性能分析

2.2.5.1　太阳能模拟器功率对温度分布的影响

图 2-28 为太阳能模拟器功率对太阳能反应器内部温度的影响，计算参数为：气体入口速度 0.005 m/s、气体入口温度 300 K、工作压力 0.1 MPa。从图 2-28

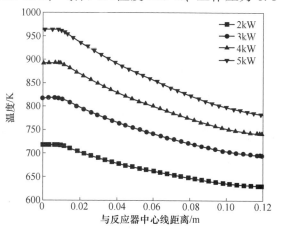

图 2-28　太阳能模拟器功率对温度的影响

---

❶　1 atm = 101325 Pa。

中可以看出，随着太阳能模拟器功率增加，太阳能反应器中心线温度分布随之增加。当太阳能模拟器功率由 2 kW 增加到 5 kW 时，太阳能反应器石英玻璃位置温度由 716.66 K 升高到 963.23 K；主要是因为随着太阳能模拟器功率增加，汇聚成的热流密度携带能量越多，即进入太阳能反应器内部能量越多，所以太阳能反应器温度越高。图 2-29 为不同太阳能模拟器功率下太阳能反应器内部温度分布云图，可以看出太阳能模拟器功率越高太阳能反应器内部温度越高；随着太阳能反应器中心线距离增加，太阳能反应器内部温度呈现出先平缓后降低趋势。因为前端发生导热现象，石英玻璃导热系数高，所以温度分布均匀；而后端因为随着中心线距离的增加能量被吸收或壁面辐射造成能量损失，所以逐渐降低。

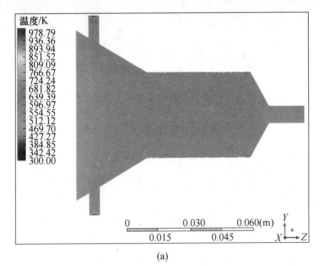

(a)

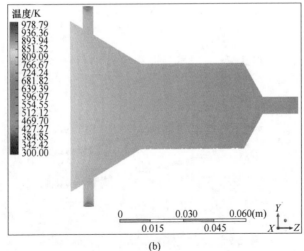

(b)

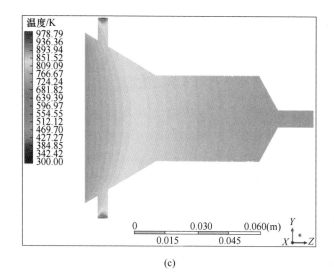

(c)

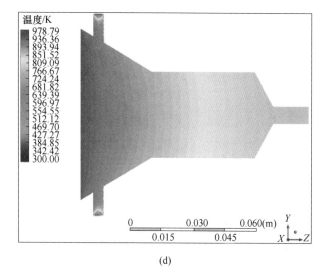

(d)

图 2-29　不同功率下太阳能反应器内部温度分布云图
(a) 功率为 2 kW；(b) 功率为 3 kW；(c) 功率为 4 kW；(d) 功率为 5 kW

图 2-29 彩图

2.2.5.2　太阳能反应器内壁材料发射率对温度分布的影响

图 2-30 为太阳能反应器内壁材料发射率对太阳能反应器内部温度的影响，计算参数为：太阳能模拟器功率 2.4 kW、气体入口速度 0.005 m/s、气体入口温度 300 K、工作压力 0.1 MPa。从图 2-30 中可以看出，随着太阳能反应器内壁材料发射率的增加太阳能反应器中心线温度升高，且太阳能反应器内部整体温度升

高。在太阳能反应器内壁材料发射率由 0.2 增加到 0.5 时，太阳能反应器石英玻璃位置温度由 804.23 K 增加至 830.50 K。造成这一结果的原因是：随着太阳能反应器内壁面材料发射率的增加反应腔对入射光线的吸收增加，光线所携带的能量更多地被反应腔吸收即造成温度上升。图 2-31 展示了不同发射率下太阳能反应器内部温度分布云图，从图中可以看出，随着太阳能反应器发射率的增加，太阳能反应器内部温度分布更均匀。因此在条件允许的情况下，应选用发射率更高的材料作为太阳能反应器内壁材料。

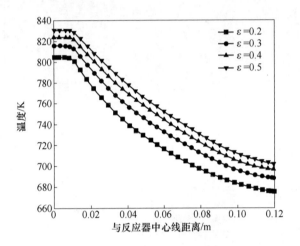

图 2-30　发射率对温度的影响

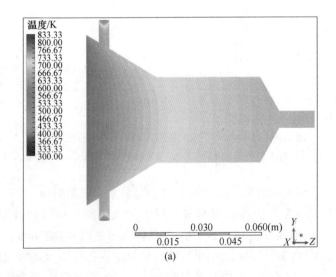

(a)

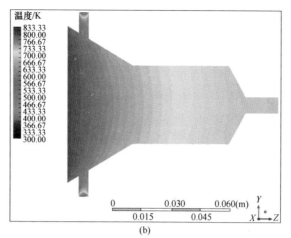

(b)

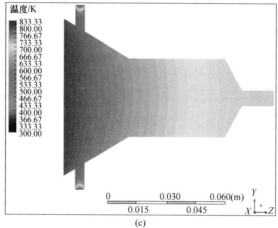

(c)

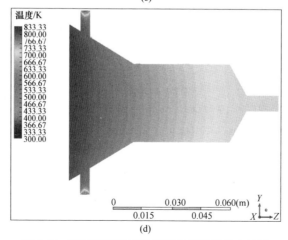

(d)

图 2-31 彩图

图 2-31 不同发射率下反应器内部温度分布云图

（a）发射率为 0.2；（b）发射率为 0.3；（c）发射率为 0.4；（d）发射率为 0.5

2.2.5.3　工作压力对温度分布的影响

图 2-32 为太阳能反应器工作压力对太阳能反应器内部温度的影响,计算参数为:太阳能模拟器功率 2.4 kW、气体入口温度 300 K、工作压力 0.1 ~ 2.0 MPa,气体入口速度分别为 0.002 m/s、0.005 m/s。从图 2-32 中可以看出,在相同气体入口速度、不同工作压力下,不同太阳能反应器中心线处的温度不同。在气体入口速度为 0.002 m/s 时,通过增大工作压力来改善不同太阳能反应器中心线处的温度并不理想。而在气体入口速度为 0.005 m/s 时,通过增大工作压力来改善不同太阳能反应器中心线处的温度比较明显。由以上分析可以得出,工作压力不仅对太阳能反应器内部温度分布有影响,而且在较高气体入口速度下增大工作压力有更加显著的影响效果。因此在相同气体入口速度下,特别是较高的入口速度下可以通过增大工作压力来改善太阳能反应器内部温度分布。如果太阳能反应器内有热化学反应参加,还要考虑工作压力对热化学反应速率和生成速率的影响。

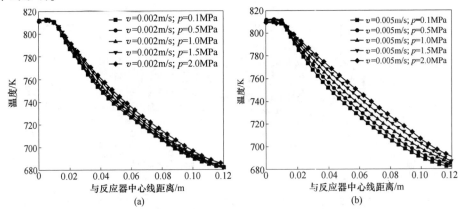

图 2-32　工作压力对温度的影响
(a) 气体入口速度为 0.002 m/s;　(b) 气体入口速度为 0.005 m/s

2.2.5.4　气体入口速度对温度分布的影响

图 2-33 为太阳能反应器气体入口速度对其内部温度的影响,计算参数为:太阳能模拟器功率 2.4 kW、气体入口速度 0.002 ~ 0.005 m/s、气体入口温度 300 K,工作压力分别为 0.5 MPa、2.0 MPa。从图 2-33 中可以看出,在相同工作压力、不同气体入口速度下,不同太阳能反应器中心线距离处的温度不同。在工作压力为 0.5 MPa 时,增大气体入口速度对不同太阳能反应器中心线处的温度几乎没有影响。在工作压力为 2.0 MPa 时,增大气体入口速度对不同太阳能反应器中心线处的温度有略微影响。以上说明,在较低工作压力下对太阳能反应器内部温度分布几乎无影响,而在高工作压力下有影响。通过增大气体入口速度可以达

到改善太阳能反应器内部温度分布的效果，因此在较高的工作压力下可以通过增大入口速度来改善太阳能反应器内部温度分布。

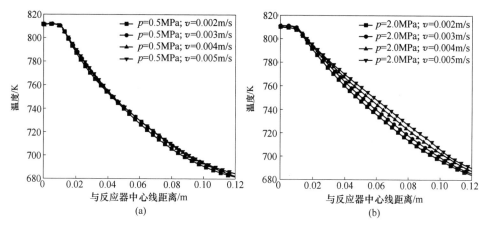

图 2-33　进气速度对温度的影响
（a）工作压力为 0.5 MPa；（b）工作压力为 2.0 MPa

2.3　太阳能反应器热应力分析

从上述研究可知，太阳能模拟器产生高强度辐射加载到太阳能反应器时，由于热流密度不均匀性在太阳能反应器内部产生温度梯度，从而产生热应力损坏太阳能反应器。本书将模型导入到热应力分析软件中，并将上述的温度作为载荷条件进行热应力分析。采用该模型分析了太阳能模拟器功率、太阳能反应器内壁材料发射率、工作压力、气体入口速度以及热电偶开孔直径对太阳能反应器热应力的影响规律，该研究结果对太阳能反应器参数优化和延长使用寿命具有一定的参考意义。

2.3.1　ANSYS APDL 简介

热应力分析采用的软件为 ANSYS APDL，它由美国 ANSYS 公司开发，适用于各种有限元工程分析。工程分析是指对结构系统受到外力影响时发生位移、应力、温度变化等进行研究分析，判断结构系统在外力状态下是否符合工程要求。

APDL 分析流程如图 2-34 所示，在前处理模块中用户不仅可以实体建模甚至进行网格划分，用户还可以方便地绘制出自己所需的实体模型并进行网格划分。为了更真实模拟各种工程结构和材料，软件还提供了一百多种单元类型供选择。后处理模块可以将模拟结果绘制成更直观的彩色等值线图、透明或半透明图、图表或曲线等，同时也可以将结果导出放到其他后处理软件得到更美观的效果图。

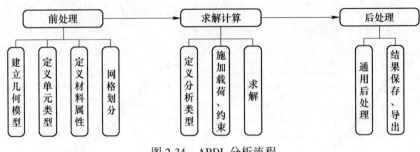

图 2-34　APDL 分析流程

2.3.2　几何模型

　　由于热分析是进行热应力分析的前提条件，因此需要先计算出各种工况下的温度场。图 2-35 和图 2-36 分别描述了在太阳能模拟器功率 2.4 kW 时太阳能反应器的温度分布和速度分布。从图 2-35 中可以看出，在高通量辐照下高温区域主要集中在太阳能反应器前端。虽然陶瓷保温层能够维持高温环境，但高温环境对其热稳定性提出了挑战。造成热应力集中的主要原因是温度梯度，温度波动剧烈的太阳能反应器前端更容易发生陶瓷损伤。图 2-36 显示了入口气体流向，展现了冷却石英窗口效果的优点。流线几乎平行于进口、石英玻璃以及内壁，不利于热应力的改善。

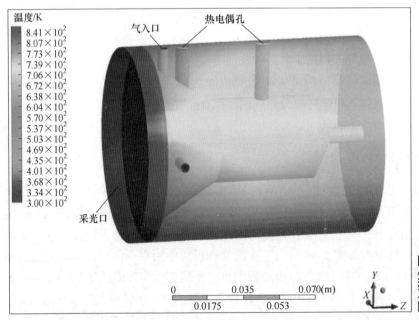

图 2-35　太阳能反应器温度分布　　　　　　　　　　图 2-35 彩图

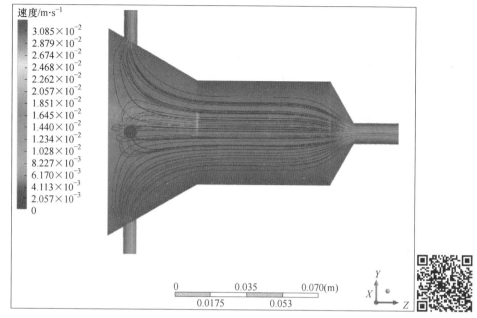

图 2-36　太阳能反应器速度分布云图　　　　图 2-36 彩图

　　太阳能模拟器高温热流密度通过采光口进入太阳能反应器内部进行加热，内部受热不均匀产生温差从而产生热应力。为了准确分析太阳能反应器内部受热应力的情况，利用 APDL 进行热应力分析。采用 Fluent 对太阳能反应器进行热分析，将带有温度节点信息的太阳能反应器固体部分导入 APDL 进行热应力分析，即物理模型和网格来自 Fluent，太阳能反应器热分析相当于为热应力分析奠定基础。图 2-37 为太阳能反应器在 APDL 中带有温度载荷的网格划分模型。

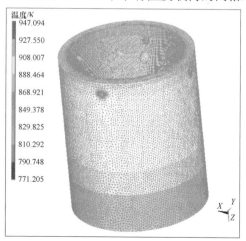

图 2-37 彩图

图 2-37　太阳能反应器热应力分析模型

2.3.3　数学模型

　　温度变化引起的热应力问题需要用到热弹性力学。其解决问题的方法和弹性力学一样，都是从几何学、力学和物理学等方面进行研究，两者不同的是：热弹性力学中的应力和应变除了受外力影响外，还要考虑温度变化的影响。热弹性力学综合考虑了温度和外力引起的应力和应变，是两者的叠加。下面介绍在直角坐标下热弹性力学控制方程表达式。

　　（1）热应力的广义胡克定律：

$$\varepsilon_{x_i} = \frac{1}{2G}\left(\sigma_{x_i} - \frac{\nu}{1+\nu}\Theta\right) + \alpha\Delta T \tag{2-9}$$

$$\gamma_{x_i x_j} = \frac{\tau_{x_i x_j}}{G}, \ i \neq j \tag{2-10}$$

式中　G——剪切弹性模量，$G=\dfrac{E}{2(1+\nu)}$，Pa；

　　　　E——杨氏模量，Pa；

　　　　σ_{x_i}——作用在微元上的应力分量，Pa；

　　　　ν——泊松比；

　　　　Θ——体积应力，$\Theta = \sum \sigma_{x_i}$，Pa；

　　　　α——线膨胀系数，K^{-1}；

　　　　ΔT——温度差，K；

　　　　τ——剪切应力，Pa；

　　　　γ——剪切应变。

　　（2）热弹性力学的位移方程：

$$(\lambda_l + G)\frac{\partial e}{\partial x_i} + G\nabla^2 u_i - \beta\frac{\partial(\Delta T)}{\partial x_i} + X_i = 0 \tag{2-11}$$

式中　e——体积应变，$e = \sum \varepsilon_{x_i}$；

　　　　β——热应力系数，$\beta = \alpha(3\lambda_l + 2G)$，Pa/K；

　　　　λ——拉梅系数，$\lambda_l = \dfrac{E\nu}{(1+\nu)(1-2\nu)}$，Pa；

　　　　X_i——单位体积力在坐标轴 x 上的分量，N/m^3；

　　　　∇^2——拉普拉斯算子。

　　（3）热弹性力学的协调方程：

$$\nabla^2\sigma_{x_i} + \frac{1}{1+\nu}\frac{\partial^2\Theta}{\partial x_i} = -\alpha E\left[\frac{1}{1-\nu}\nabla^2(\Delta T) + \frac{1}{1+\nu}\frac{\partial^2(\Delta T)}{\partial x_i^2}\right] \tag{2-12}$$

$$\nabla^2 \tau_{x_i x_j} + \frac{1}{1+\nu} \frac{\partial^2 \Theta}{\partial x_i \partial x_j} = -\frac{\alpha E}{1+\nu} \frac{\partial^2 (\Delta T)}{\partial x_i \partial x_j} - \left(\frac{\partial X_j}{\partial X_i} + \frac{\partial X_i}{\partial X_j} \right) \tag{2-13}$$

2.3.4 载荷与边界条件

太阳能模拟器热应力的产生来自温度梯度，因此将温度作为太阳能反应器三维有限元模型的载荷条件。首先需要获得温度载荷，而温度载荷是通过 Fluent 进行热流固耦合模拟分析得到，将温度载荷从 Fluent 中导出并加载到 APDL 中。然后需要进行其他边界条件设置，例如材料属性设置根据需要从表 2-4 和表 2-5 中进行获取。最后在模型的不同面上施加不同的约束，进行求解计算。在对太阳能反应器进行热应力分析时除了相应的温度载荷外，还有流体对固体壁面的压力和重力。由于太阳能反应器工作时的压力相对于分析的热应力影响极小，所以不给予考虑；而重力引起的压力极小可以忽略不计，因此本书只考虑温度载荷对太阳能反应器造成的影响。

2.3.5 模型验证及热应力分析

2.3.5.1 模型验证

在 ANSYS APDL 中存在一种等效应力（Von Mises 应力），其不仅可以清楚地描绘出模型的应力变化，还可以快速地找到模型中最危险的位置。本书使用的应力分析类型即为等效应力分析，主要是因为结构受力复杂，所以需要采用等效应力转化各个主应力来描述应力集中现象。它遵循材料第四强度理论，即材料发生屈服是畸变能密度引起的，认为模型内部只要畸变密度达到材料的极限值就会发生屈服现象。虽然不能直接看到陶瓷发生损伤，但可以用来判断发生损伤的具体位置和顺序。

第四强度理论的强度条件为：

$$\sqrt{\frac{1}{2} \left[(\sigma_1 - \sigma_2)^2 + (\sigma_2 - \sigma_3)^2 + (\sigma_3 - \sigma_1)^2 \right]} \leq [\sigma] \tag{2-14}$$

式中　　$[\sigma]$——材料的许用应力；

σ_1，σ_2，σ_3——第一、第二、第三主应力。

为了验证模型的正确性，基于本书的计算模型对文献中的模型进行计算，计算参数为：太阳能模拟器功率 10 kW、入口速度 0.005 m/s、工作压力 1 atm[1]。图 2-38（a）为 Von Mises 应力模拟结果，从图中可以看出模型有 4 个应力集中的位置（A、B、C、D），与参考文献实验结果一致，其中最容易发生损伤的位置为 A（13.17×10^3 MPa）与文献实验结果（12.35×10^3 MPa）仅差 6.64%。还

---

❶　1 atm = 101325 Pa。

可以判断出陶瓷容易在 4 个应力集中的连线上裂开，此结论在文献实验结果（见图 2-38（b））中得到验证，所以此模型可以进行热应力计算。

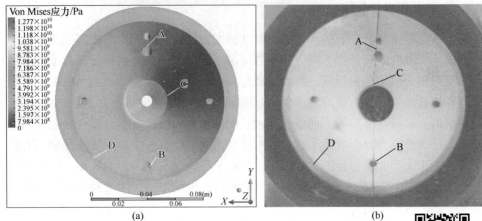

图 2-38 彩图

图 2-38 Von Mises 应力模拟结果与文献实验对比

（a）Von Mises 应力模拟结果；（b）文献实验结果

2.3.5.2 热应力分析

图 2-39 为太阳能反应器热应力分布云图，计算参数为：太阳能模拟器功率 2.4 kW、气体入口速度 0.005 m/s、入口温度 300 K 以及工作压力 0.1 MPa。从图 2-39 中可以看出，热应力集中主要发生在太阳能反应器前部和多

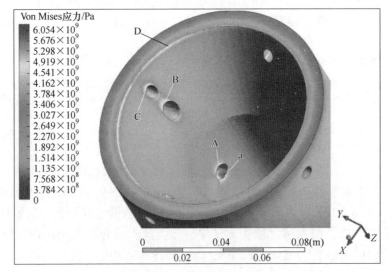

图 2-39 热应力分布云图

图 2-39 彩图

孔区域中心位置的热电偶开孔处。从热应力分布云图可以看出，最大热应力主要集中在开孔的内边缘和周围，例如太阳能反应器多孔区域中心位置的热电偶开孔（A、a）、前部热电偶开孔（B）、进气口孔（C）以及采光口（D）。最容易发生损伤的位置分别位于太阳能反应器多孔区域中心位置的热电偶开孔（A处：6.24 × 10³ MPa）和前部热电偶开孔（B处：5.65 × 10³ MPa）。如果受到热应力超过陶瓷材料的最终强度，就会使太阳能反应器发生陶瓷损伤影响其使用寿命。因此，应尽可能地降低热应力集中来避免太阳能反应器发生损伤，使其拥有更长的使用寿命。

2.3.6　计算结果与分析

2.3.6.1　太阳能模拟器功率的影响

图 2-40 为不同太阳能模拟器功率对太阳能反应器热应力的影响，计算参数为：气体入口速度 0.005 m/s、气体入口温度 300 K、工作压力 0.1 MPa、太阳能模拟器功率 1~5 kW。从图 2-40 中可以看出，随着太阳能模拟器功率的增加太阳能反应器 A 处、B 处的热应力也随之增加。造成这一结果的原因是：增大太阳能模拟器功率会导致内部温差增大，从而导致热应力增加。当太阳能模拟器功率为 1~5 kW 时，A 处热应力由 4.69 × 10³ MPa，增加到 7.30 × 10³ MPa，增加了 2.61 × 10³ MPa；B 处热应力由 4.10 × 10³ MPa，增加到 6.71 × 10³ MPa，增加了 2.61 × 10³ MPa。图 2-41 展示了不同太阳能模拟器功率下太阳能反应器热应力分布云图，从图中可以看出，增大太阳能模拟器功率会导致太阳能反应器热应力集中加剧。根据本结论可知，在达到太阳能反应器所需温度后应尽可能降低太阳能模拟器功率以降低热应力集中。

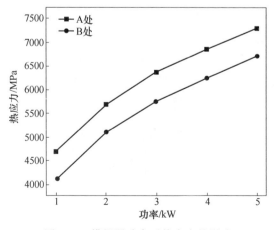

图 2-40　模拟器功率对热应力的影响

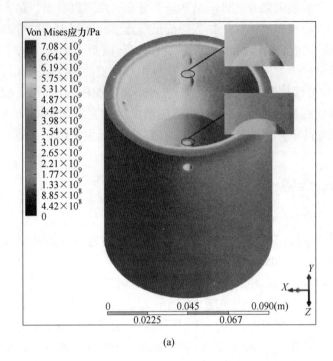

(a)

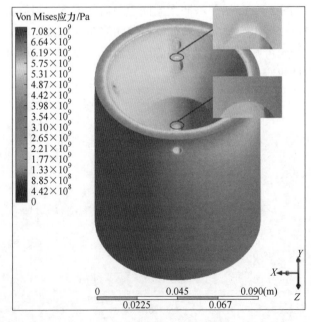

(b)

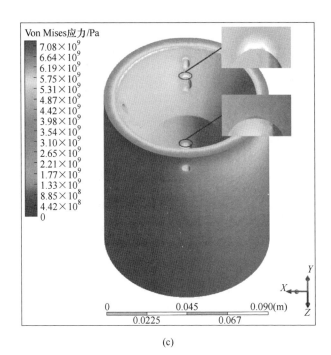

(c)

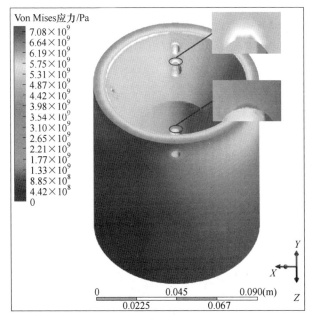

(d)

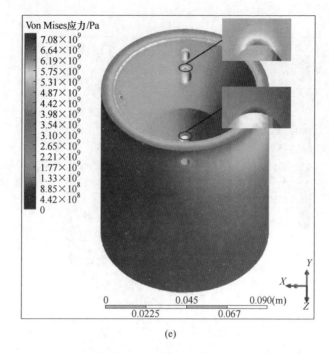

(e)

图 2-41　不同模拟器功率下反应器热应力分布云图　　图 2-41 彩图

（a）功率为 1 kW；（b）功率为 2 kW；（c）功率为 3 kW；（d）功率为 4 kW；（e）功率为 5 kW

2.3.6.2　太阳能反应器内壁材料发射率对热应力的影响

图 2-42 为太阳能反应器不同内壁材料发射率对热应力的影响，计算参数为：气体入口速度 0.005 m/s、气体入口温度 300 K、工作压力 0.1 MPa、内壁材料发射率 0.2~0.5。从图 2-42 中可以看出，随着太阳能反应器内壁材料发射率增加太阳能反应器 A 处、B 处热应力也随之增加。主要原因是：增大太阳能反应器内

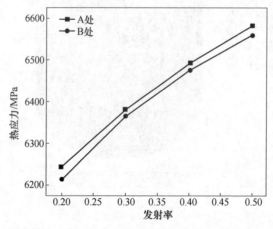

图 2-42　反应器内壁材料发射率对热应力的影响

壁材料发射率会导致太阳能反应器内部温度升高，使得太阳能反应器内部温差增大，从而导致热应力增加。当太阳能反应器内壁材料发射率为0.2~0.5时，A处热应力由6.24×10^3 MPa增加到6.58×10^3 MPa，B处热应力由6.21×10^3 MPa增加到6.56×10^3 MPa。图2-43展示了不同太阳能反应器内壁材料发射率下热应

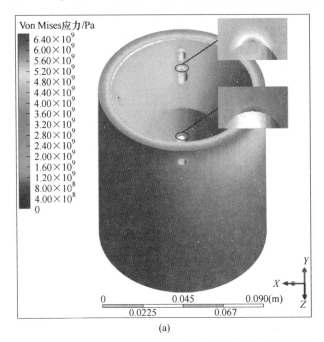

(a)

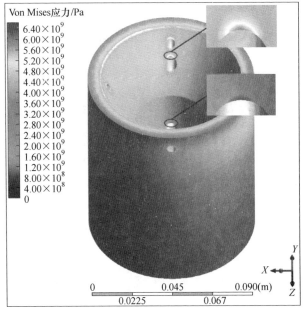

(b)

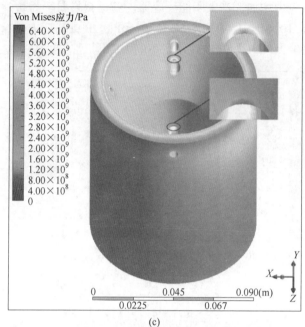

(c)

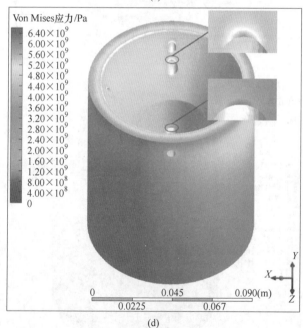

(d)

图 2-43　不同反应器内壁发射率下热应力分布云图

(a) 发射率为 0.2；(b) 发射率为 0.3；(c) 发射率为 0.4；(d) 发射率为 0.5

图 2-43 彩图

力分布云图，从图中可以看出，增大太阳能反应器内壁材料发射率虽然可以达到提高太阳能反应器内部温度分布的效果，但也会导致太阳能反应器热应力集中现象加剧。因此，在选择太阳能反应器内部材料发射率时，需要兼顾内部温度分布和应力集中问题。

2.3.6.3 工作压力的影响

图 2-44 为不同工作压力对太阳能反应器热应力的影响，计算参数为：太阳能模拟器功率 2.4 kW、气体入口温度 300 K、入口速度 0.005 m/s。从图 2-44 中可以看出，随着工作压力的增加对太阳能反应器热应力的影响不大。主要原因和入口速度影响一样，因为工作压力对陶瓷温差未造成太大影响，所以对太阳能反应器热应力影响不大。当工作压力由 0.1 MPa 增加到 2 MPa 时，A 和 B 处的热应力均仅降低了 10 MPa。图 2-45 展示了工作压力为 0.1~2 MPa 下的太阳能反应器热应力分布云图，从图中同样可以看出工作压力对应力集中影响不大。工作压力虽然对太阳能反应器温度分布有所影响，但对太阳能反应器内部温差影响较小，从而不能降低热应力。因此，通过改变太阳能反应器工作压力来降低热应力集中并不可行。

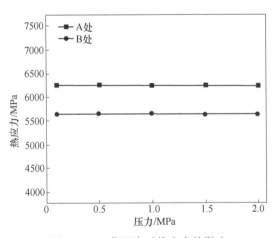

图 2-44 工作压力对热应力的影响

2.3.6.4 气体入口速度的影响

图 2-46 为不同太阳能反应器气体入口速度对太阳能反应器热应力的影响，计算参数为：太阳能模拟器功率 2.4 kW、气体入口温度 300 K、工作压力 0.1 MPa。从图 2-46 中可以看出，随着气体入口速度的增加对太阳能反应器热应力的影响不大。因为随着气体入口速度的增加对太阳能反应器内部温差影响较小，所以对太阳能反应器热应力影响较小。当气体入口速度为 0.003~0.09 m/s 时，A 和 B 处的热应力均仅降低了 10 MPa。图 2-47 展示了气体入口速度从 0.003 m/s

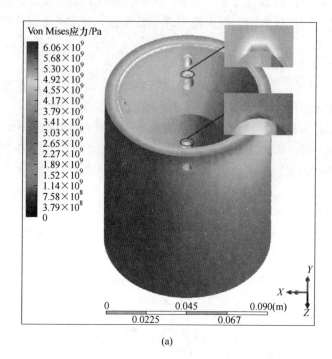

(a)

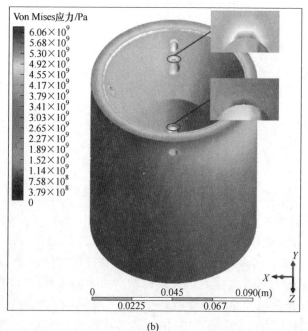

(b)

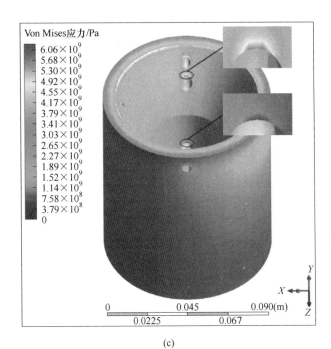

(c)

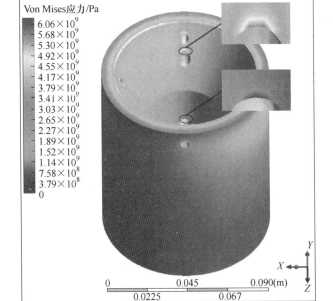

(d)

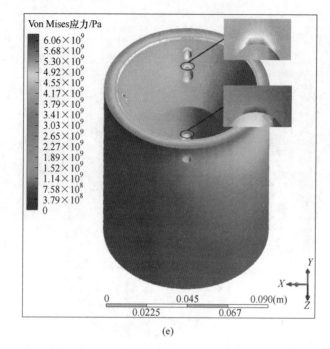

(e)

图 2-45　不同工作压力下的反应器热应力分布云图

（a）工作压力为 0.1 MPa；（b）工作压力为 0.5 MPa；（c）工作压力为 1 MPa；

（d）工作压力为 1.5 MPa；（e）工作压力为 2 MPa

图 2-45 彩图

增加到 0.09 m/s 情况下的热应力分布云图，从图中同样可以看出气体入口速度对太阳能反应器 A 处和 B 处的热应力影响并不大。气体入口速度虽然对太阳能反应器内部温度分布有影响，但对太阳能反应器内部温差未造成太大影响，从而不能改善热应力集中现象。因此，通过增大太阳能反应器气体入口速度的方法来降低热应力集中现象并不可行。

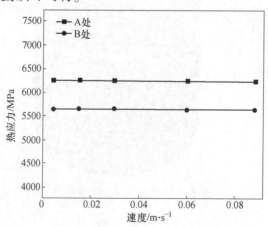

图 2-46　入口速度对热应力的影响

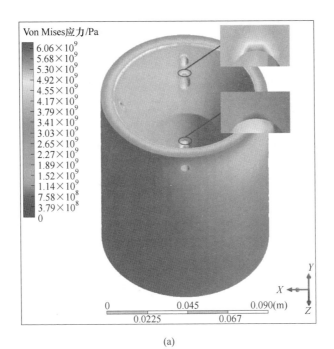

(a)

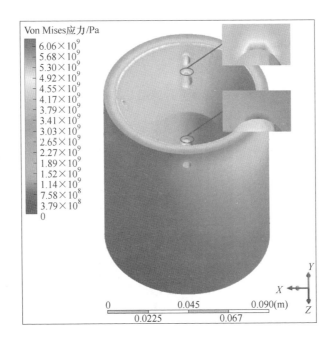

(b)

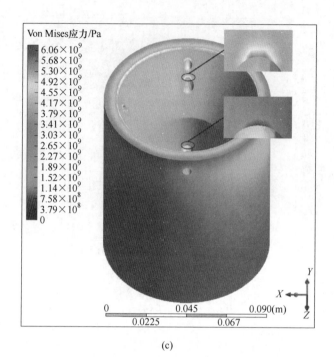

(c)

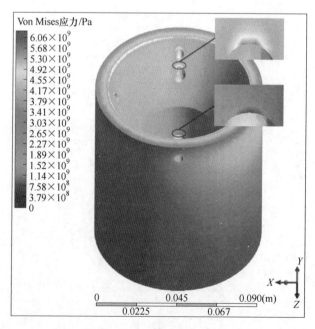

(d)

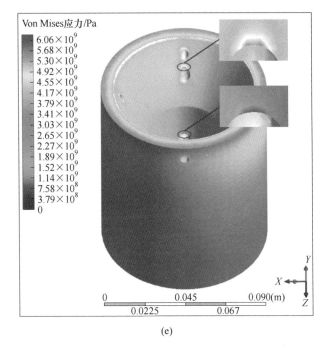

图 2-47　不同入口速度下的反应器热应力分布云图

(a) 入口速度为 0.003 m/s；(b) 入口速度为 0.015 m/s；(c) 入口速度为 0.03 m/s；

(d) 入口速度为 0.06 m/s；(e) 入口速度为 0.09 m/s

2.3.6.5　太阳能反应器热电偶开孔直径的影响

图 2-48 为不同太阳能反应器多孔区域中心位置热电偶开孔直径对太阳能反应器热应力的影响。在控制太阳能反应器前部热电偶开孔直径不变的条件下，计算参数为：太阳能模拟器功率 2.4 kW、气体入口温度 300 K、气体入口速度 0.005 m/s、工作压力 0.1 MPa。从图 2-48 中可以看出，随着多孔区域中心位置热电偶开孔直径的增加 A 处热应力也随之增加。当多孔区域中心位置热电偶开孔直径由 3 mm 增加到 7 mm，则 A 处热应力由 5.43×10^3 MPa，增加到 6.24×10^3 MPa，增加了 810 MPa，曲线增加趋势逐渐变缓。图 2-49 展示了不同多孔区域中心位置热电偶开孔直径下太阳能反应器热应力分布云图，从图中可以看出随着不同多孔区域中心位置热电偶开孔直径的增加，A 处的热应力越来越大，对热应力集中有较大影响。热电偶起到测量太阳能反应器多孔区域温度的作用，且市场上流行的最小热电偶直径可达到 2 mm。因此，在设计太阳能反应器多孔区域中心位置热电偶直径时，应尽可能选择较细的热电偶来降低热应力集中。

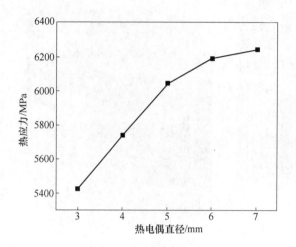

图 2-48   热电偶开孔直径对 A 处热应力的影响

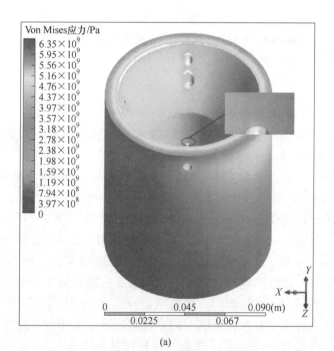

(a)

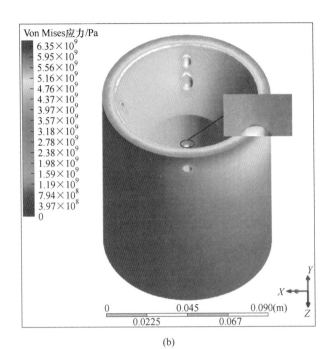

(b)

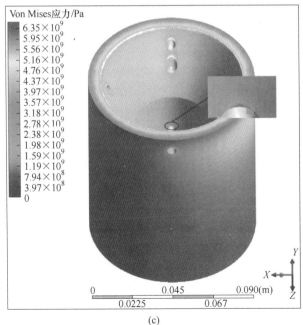

(c)

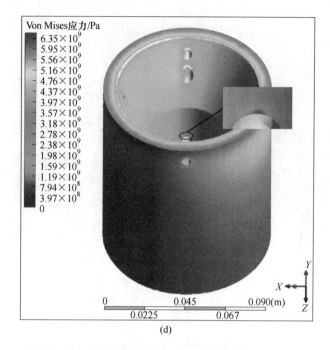

(d)

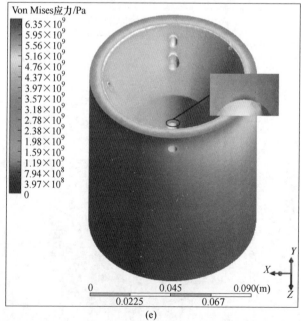

(e)

图 2-49 不同热电偶开孔直径下的反应器热应力分布云图　图 2-49 彩图
（a）热电偶直径为 3 mm；（b）热电偶直径为 4 mm；（c）热电偶直径为 5 mm；
（d）热电偶直径为 6 mm；（e）热电偶直径为 7 mm

2.4 甲烷水蒸气重整反应器

2.4.1 太阳能热化学反应器数学模型建立

本书研究所用小型太阳能反应器如图 2-50 所示，反应器采用太阳能模拟器提供的聚集辐照热量作为热源用来驱动甲烷水蒸气重整反应。该重整反应为表面反应，主要发生在多孔区域（图 2-50 红色线框）。图 2-51 为反应器内部多孔区域处甲烷水蒸气重整反应过程，甲烷与水蒸气在太阳能驱动下发生反应生成氢气、一氧化碳等产物。为使反应充分进行，在反应区域内填充附着纳米镍的氧化铝多孔陶瓷材料作为催化剂。为提高重整反应效率甲烷与水蒸气的混合气体在进入反应区域前经过辐射预热，同时反应器内部采用硅酸铝保温材料，外部包裹耐火材料在最大程度上减少热损失，提高反应器热性能。

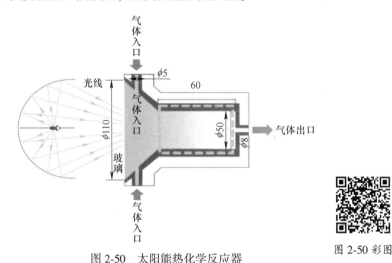

图 2-50 太阳能热化学反应器

图 2-50 彩图

由于本书研究所使用的反应器计算区域为轴对称，因此可简化为二维模型。本书模拟研究反应过程假设如下：

（1）通入反应器的气体为理想气体，且在气体入口处完全混合；

（2）催化剂完全附着于多孔结构上，可视为连续多孔介质；

（3）忽略甲烷水蒸气制氢过程中反应物的体积力对流场的影响；

（4）反应物在反应器内为表面反应。

本研究采用 ANSYS 中 FLUENT 软件进行数值模拟，FLUENT 是一款应用广泛的模拟分析软件。该软件包含很多常用数学模型与物理模型，能够对流体流动、化学反应、传热传质、溶化冷凝等过程进行模拟计算。使用者不仅可以使用

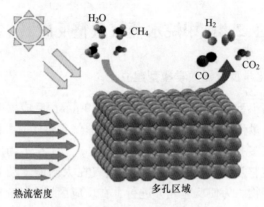

图 2-51 多孔区域重整反应过程

软件自带的功能进行计算，也可以对该软件进行二次开发来满足需求。在对聚集辐照下甲烷水蒸气重整制氢研究过程中，采用该软件的多组分运输模型、多孔介质模型、能量交换模型、辐射传热模型及化学反应模型进行模拟计算。

下面介绍模拟聚集辐照下甲烷水蒸气重整制氢过程中使用的连续性方程、能量方程、动量方程、组分运输方程等表达式。

（1）连续性方程：

$$\nabla \cdot (\rho_m \boldsymbol{\mu} \boldsymbol{Y}_i) = -\nabla \boldsymbol{J}_i + R_i \tag{2-15}$$

式中 ρ_m ——混合气体密度，kg/m^3；

$\boldsymbol{Y}_i$ ——物质 i 的质量分数；

$\boldsymbol{J}_i$ ——物质 i 的扩散质量通量；

R_i ——物质 i 的净产率，$kg/(m^3 \cdot s)$。

（2）能量方程：

$$\nabla \cdot (\rho_m c_{p,m} u T_m) = \nabla \cdot (\lambda_m \nabla T_m - \sum_{i=1}^{n} h_i \boldsymbol{J}_i) + S_{rad} + S_{chem} \tag{2-16}$$

式中 λ_m ——混合气体的导热系数，$W/(m \cdot K)$；

$c_{p,m}$ ——混合气体的比热容，$J/(kg \cdot K)$；

S_{rad} ——辐射源项；

S_{chem} ——化学反应源项；

h_i ——物质 i 的焓，kJ/mol。

（3）动量方程：

$$\nabla \cdot (\rho_m \boldsymbol{\mu} \boldsymbol{\mu}) = \nabla \cdot (\mu \nabla \mu) - \nabla p_m + S_p \tag{2-17}$$

式中 p_m ——混合气体压力，Pa；

μ ——运动黏度，$kg/(m \cdot s)$；

S_p ——多孔区域非达西效应引起的源项，kg/(m² · s)。

1）非达西效应引起的源项 S_p 可通过式(2-18) 计算得到。

$$S_p = -\frac{\mu}{k}\boldsymbol{\mu} - 0.5C_F p_m |\boldsymbol{\mu}|\boldsymbol{\mu} \qquad (2\text{-}18)$$

式中　　 $-\dfrac{\mu}{k}\boldsymbol{\mu}$ ——流体黏性阻力项，kg/(m² · s)；

$-0.5C_F p_m |\boldsymbol{\mu}|\boldsymbol{\mu}$ ——流体的惯性阻力项，kg/(m² · s)；

k ——多孔介质的渗透率；

C_F ——惯性阻力系数。

2）惯性阻力系数 C_F 可通过式（2-19）计算得到。

$$C_F = \frac{1.75(1-\phi)}{\phi^2 d_p} \qquad (2\text{-}19)$$

式中　 d_p ——多孔介质的平均孔径，μm；

ϕ ——孔隙率。

（4）甲烷转化率 η 可通过式（2-20）计算得到。

$$\eta = \frac{n_{in} - n_{out}}{n_{in}} \qquad (2\text{-}20)$$

式中　 n_{in} ——进口甲烷摩尔质量，kg/mol；

n_{out} ——出口甲烷摩尔质量，kg/mol。

（5）氢气产率 Y 可通过式（2-21）计算得到。

$$Y = \frac{n_{H_2,out}}{3n_{CH_4,in}} \times 100 \qquad (2\text{-}21)$$

式中　 $n_{H_2,out}$ ——出口氢气摩尔质量，kg/mol；

$n_{CH_4,in}$ ——进口甲烷摩尔质量，kg/mol。

（6）混合气体的化学组分运输方程见式（2-22）。

$$\rho u_j \frac{\partial Y_i}{\partial x_j} = -\frac{\partial J_{ij}}{\partial x_j} + R_i \qquad (2\text{-}22)$$

式中　 J_{ij} ——组分 i 在 j 方向上的扩散通量。

（7）混合气体的比热容 C_p 可通过式（2-23）计算得到。

$$C_p = \sum_i Y_i C_{p,i} \qquad (2\text{-}23)$$

式中　 Y_i ——物质 i 的摩尔分数；

$C_{p,i}$ ——物质 i 的定压比热容，J/(kg · K)。

由于模型中温度较高，因此需要考虑热量通过辐射的方式进行传递，FLUENT 中采用辐射传递方程（RTE）对辐射换热量进行计算。FLUENT 软件中有五种适用于不同条件的辐射模型，本书采用 DO 模型进行计算，DO 模型可以通过对角度的离散在不同方向上的运输方程进行求解。DO 模型的优点：该模型适用于任何光学深度的模型，计算准确性不会被计算区域的特征长度影响；计算热量传递过程中可以考虑气体与颗粒之间的换热影响；在局部有热源的情况下不会出现过高辐射热流的问题，同时能够计算非灰体辐射问题。采用 DO 模型需要用户对象限离散角度的数量进行定义，本书采用软件默认划分方式，各组分辐射换热量的计算按照灰体进行处理，辐射换热量通过式（2-24）计算得到。

$$\frac{\mathrm{d}I(r, s)}{\mathrm{d}s} + (a + \sigma_s)I(r, s) = \alpha n^2 \frac{\sigma T^4}{\pi} + \frac{\sigma_s}{4\pi}\int_0^{4\pi} I(r, s)\Phi(s, s)\mathrm{d}\Omega \quad (2\text{-}24)$$

式中　s——散射方向；

　　　I——辐射强度值；

　　　n——折射系数；

　　　σ_s——散射系数；

　　　α——吸收系数；

　　　Φ——相位函数；

　　　Ω——立体角；

　r, s——计算在位置 r 处沿方向 s 的辐射值。

2.4.2　热流密度实验研究

太阳能模拟器是在室内通过人工光源模拟真实太阳光的设备。本书所用的太阳能模拟器主要是由光源与聚光器组成的，该模拟器的均匀辐照度、热流密度可根据需求调节。本书采用直接测量法对太阳能模拟器模拟的热流密度进行测量，测量结果可以作为聚集辐照下甲烷水蒸气重整制氢数学模型的热流密度边界条件。

2.4.3　边界条件及求解参数设置

在甲烷水蒸气重整模拟过程中，气体入口采用速度入口，出口采用压力出口，热源采用经用户自定义函数（UDF）编译后的热流密度函数进行计算，计算过程所用参数见表 2-6。

表 2-6　计算过程所用参数

参　　数	数　　值
气体入口速度/m · s⁻¹	0.06~0.1
压力/atm①	1~5
辐照度/kW · m⁻²	20~600

参　　数	数　　值
气体入口温度/K	300~700
水碳比	0.5~2
孔隙率	0.65~0.85

① 1 atm = 101325 Pa。

甲烷水蒸气重整反应过程中包括甲烷、水蒸气、氢气、一氧化碳、二氧化碳五种物质，其中有碳、氢、氧三种元素，需要两个及以上的动力学方程式来描述制氢反应过程，动力学方程式反映温度、压力、浓度、介质、速度、催化剂等因素对反应速率的影响，反应速率一般采用反应物浓度或者产物浓度随时间的变化率来表示。目前甲烷水蒸气重整反应动力学主要采用平行反应机理，即反应物甲烷和水蒸气同时反应生成氢气、一氧化碳、二氧化碳。因此本书研究中采用平行反应机理，其动力学反应速率表达式见表 2-7。

表 2-7　甲烷水蒸气重整过程反应速率表达式

反应类型	反应 1 速率模型	反应 2 速率模型	反应 3 速率模型
平行反应	$r_{CO} = k_1 p_{CH_4}^{a_1} p_{H_2O}^{b_1}(1-\beta_1)$	$r_{CO_2} = k_2 p_{CH_4}^{a_2} p_{H_2O}^{b_2}(1-\beta_2)$	$r_{CO_2} = k_3 p_{CH_4}^{a_3} p_{H_2O}^{b_3}(1-\beta_3)$

表 2-7 中的参数需要通过实验对不同反应条件下一氧化碳与二氧化碳浓度进行测量，然后采用统计学方法计算得出。采用阿伦尼乌斯公式给出反应速率常数 k 与温度之间的关系，其表达式如下：

$$k = A e^{-\frac{E_a}{RT}} \tag{2-25}$$

式中　　A——指前因子，是与碰撞频率（单位时间、单位体积内反应物分子碰撞数）有关的物理量；

$\quad\quad E_a$——活化能，其值为 1 mol 普通分子转变为 1 mol 活化分子所需要的能量，当温度范围变化不大时可将活化能作为常数，J/mol；

$\quad\quad R$——摩尔气体常数，8.314 J/(mol·K)。

甲烷水蒸气重整制氢反应过程包括甲烷水蒸气体直接重整，水煤气变换等复杂化学反应。目前许多学者对甲烷水蒸气重整制氢过程的动力学进行了研究，因此为了能更好地揭示反应的内在规律及特性，采用反应速率进行计算可以得到反应所需活化能与指前因子，反应速率公式如下：

$$R_1 = \frac{k_1}{p_{H_2}^{3.5}} \left(p_{CH_4} p_{H_2O}^2 - \frac{p_{H_2}^4 p_{CO_2}}{k_1} \right) \frac{1}{\Omega^2} \tag{2-26}$$

$$R_2 = \frac{k_2}{p_{H_2}} \left(p_{CH_4} p_{H_2O}^2 - \frac{p_{H_2}^4 p_{CO_2}}{k_1} \right) \frac{1}{\Omega^2} \tag{2-27}$$

$$R_3 = \frac{k_3}{p_{H_2}^{3.5}}\left(p_{CH_4}p_{H_2O}^2 - \frac{p_{H_2}^4 p_{CO_2}}{k_3}\right)\frac{1}{\Omega^2} \tag{2-28}$$

$$k_1 = 1.02 \times 10^{15}\exp\left(-\frac{243.90}{RT}\right) \tag{2-29}$$

$$k_2 = 1.995 \times 10^6\exp\left(-\frac{67.13}{RT}\right) \tag{2-30}$$

$$k_3 = 2.229 \times 10^{16}\exp\left(-\frac{243.899}{RT}\right) \tag{2-31}$$

式中 k_1, k_2, k_3——反应速率常数;

R_1, R_2, R_3——甲烷反应速率。

在甲烷水蒸气重整制氢过程中,由于该反应器入口气体流速较小,因而采用层流模型,模拟过程中的化学反应和辐射问题分别采用有限速率模型和局部热平衡方法求解。采用 SIMPLE 算法求解速度-压力耦合的流场问题,该算法对于求解稳态问题具有很好的适用性。由于多孔介质模型的使用,因此压力的离散控制方程求解采用 PRESTO 格式。求解能量方程、动量方程、组分运输方程采用二阶迎风格式可以使求解的结果更加精确。能量方程、动量方程在模拟计算过程中收敛准则为 1×10^{-6},组分运输方程收敛准则为 1×10^{-5}。

3 聚集辐照下甲烷水蒸气重整反应特性

3.1 甲烷水蒸气重整制氢热力学分析

3.1.1 反应平衡热力学计算

甲烷水蒸气重整制氢过程复杂，机理不清晰。本书采用热力学分析软件（HSC）对甲烷水蒸气重整制氢过程进行热力学分析，研究反应温度、压力、水碳比（S/C）对重整反应过程中产物的量、反应物的量、气体组分占比进行分析。在进行甲烷水蒸气重整制氢模拟研究之前，必须对聚集辐照下甲烷水蒸气重整制氢过程进行可行性理论分析。

甲烷水蒸气重整过程反应体系复杂，其中包括甲烷水蒸气重整制氢主反应，同时还包括水汽反应、甲烷裂解反应、积碳反应等副反应。甲烷水蒸气重整制氢过程可能出现的反应见表3-1。

表 3-1　甲烷水蒸气重整制氢发生的化学反应方程式与焓值

序号	反应方程式	焓值/kJ·mol^{-1}
1	$CH_4 + H_2O = 3H_2 + CO$	206
2	$CO + H_2O = H_2 + CO_2$	-41.19
3	$CH_4 + 2H_2O = 4H_2 + CO_2$	164.9
4	$CH_4 + CO_2 = 2CO + 2H_2$	-247.3
5	$CH_4 + 3CO_2 = 4CO + 2H_2O$	-330
6	$CH_4 = C + 2H_2$	-74.82
7	$2CO = C + CO_2$	173.3
8	$CO + H_2 = C + H_2O$	131.3
9	$CO_2 + 2H_2 = C + 2H_2O$	90.13
10	$CH_4 + 2CO = 3C + 2H_2O$	187.6
11	$CH_4 + CO_2 = 2C + 2H_2O$	15.3

从表3-1可以看出甲烷水蒸气重整过程中可能发生的11个反应与反应焓值，甲烷水蒸气重整制氢过程中主要发生的反应如下：

甲烷水蒸气重整反应：

$$CH_4 + H_2O \Longrightarrow 3H_2 + CO \qquad \Delta H_{298K} = 206.29 \text{ kJ/mol} \qquad (3-1)$$

水煤气转化反应：

$$CO + H_2O \Longrightarrow H_2 + CO_2 \qquad \Delta H_{298K} = -41.19 \text{ kJ/mol} \qquad (3-2)$$

直接重整反应：

$$CH_4 + 2H_2O \Longrightarrow 4H_2 + CO_2 \qquad \Delta H_{298K} = 164.9 \text{ kJ/mol} \qquad (3-3)$$

吉布斯自由能是用来判断化学热力学中反应进行的方向而引入的热力学函数，又称为自由焓。若吉布斯自由能小于零（$\Delta G < 0$），则反应正向进行，促使 ΔG 变大；若吉布斯自由能等于 0（$\Delta G = 0$），则反应在给定压力与给定温度下达到平衡，可据此得到该反应的临界温度。若反应的吉布斯自由能随着温度的升高而降低，则当反应温度高于临界温度时，反应会自发正向进行，采用 HSC 热力学软件计算得出各反应的吉布斯自由能变化趋势由图 3-1 所示。从图 3-1 中可以看出，反应过程中吉布斯自由能随温度变化规律在具体实验中应考虑反应器材料耐热性及甲烷裂解产生的碳沉积现象。当反应温度过高时，在甲烷水蒸气重整反应过程中的甲烷可能会发生裂解反应形成积碳，使氢气等产物的量会有所下降，因此在重整制氢过程中将反应温度控制在 973~1273 K 为最佳。

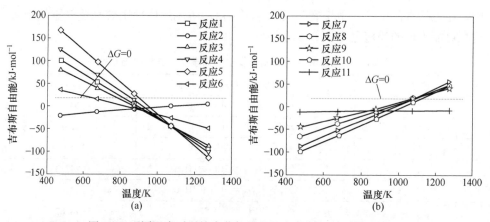

图 3-1　不同温度对甲烷水蒸气重整反应吉布斯自由能的影响

（a）反应 1~6；（b）反应 7~11

此处采用 HSC 热力学分析软件按照吉布斯最小自由能原理，计算得到甲烷水蒸气重整制氢过程中的平衡组分随不同工况参数的变化趋势。

化学反应过程中热力学平衡计算的方法有很多种，其中最常见的为平衡常数法和正逆反应速率平衡法。基于相关物理化学原理，符合相关热力学规律的化学反应可以通过最小吉布斯自由能法计算得出，因此，该方法适用于甲烷水蒸气重整制氢的反应研究。

甲烷水蒸气重整制氢过程复杂，在重整反应过程中伴有众多副反应。当一系列化学反应达到动态平衡后，反应的吉布斯自由能将达到最小值，因此基于最小吉布斯自由能原理，可以将甲烷水蒸气重整制氢反应过程的平衡组分计算转化为以下的非线性问题。

$$f = \min G \tag{3-4}$$

$$G = \sum_{i=1}^{N} n_i \mu_i \tag{3-5}$$

式中　　n_i ——反应过程中不同组分物质的量；

　　　　μ_i ——反应过程中不同组分的化学势；

　　　　N ——总量，采用拉格朗日数乘法寻找最优的 n_i。

化学式由式(3-6) 得到。

$$\mu_i = \mu_i^0 + RT\ln \frac{f_i}{f_i^0} \tag{3-6}$$

$$A_j = \sum_{i=1}^{N} a_{ij} n_i, \ j = 1, \ 2, \ 3, \ \cdots, \ M \tag{3-7}$$

式中　　a_{ij} —— j 元素在 i 物质中总的物质的量。

拉格朗日数乘法方程：

$$L = \sum_{i=1}^{N} n_i \mu_i - \sum_{j=1}^{M} \lambda_i (\sum_{i=1}^{N} a_{ij} n_j - A_j) \tag{3-8}$$

式中　　λ_i ——反应中 j 元素的拉格朗日算子。

为了得到平衡组分式(3-8) 可转化为：

$$\frac{\partial L}{\partial n_i} = \mu_i - \sum_{j=1}^{N} \lambda_i a_{ij} = 0 \tag{3-9}$$

3.1.2　甲烷水蒸气重整制氢热力学可行性分析

图 3-2 为反应温度对甲烷水蒸气重整制氢反应的影响趋势，计算参数：温度为 473~1273 K、压力为 1 atm❶、S/C 为 1。从图 3-2（a）可以看出随反应温度的升高，甲烷与水蒸气的量呈现相同的变化趋势，氢气、一氧化碳呈相同的变化规律，二氧化碳变化趋势为先增加后降低。这是由于甲烷水蒸气重整反应为吸热反应，温度升高，反应正向进行，甲烷与水蒸气的量逐渐降低。氢气、一氧化碳的量随反应进行逐渐升高，二氧化碳的量随反应进行会先呈现上升趋势，这是由于在甲烷水蒸气重整制氢反应进行过程中平衡先正向移动使二氧化碳的量增加，

---

❶　1 atm = 101325 Pa。

然后随着反应的进行会发生水煤气转化反应，该反应为放热反应，化学反应平衡
会随着温度升高逆向移动，从而导致二氧化碳的量呈现下降趋势。最终反应达到
平衡状态后各组分的量在 973～1173 K 趋于稳定。图 3-2（b）为反应达到平衡后
各组分占比，可以看出重整反应到达稳定后随温度的升高，每个组分占比的趋势
与组分的量的趋势变化相同，在 973～1173 K 趋于稳定。因此基于上述反应温度
对甲烷水蒸气重整制氢过程中的影响规律，为了降低成本同时使得到的氢气产量
最大，将反应温度设置在 1073 K 左右。

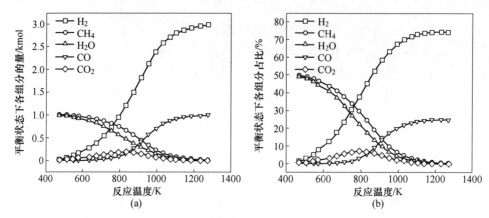

图 3-2　平衡状态下温度对各组分的量与占比的影响

（a）各组分的量；（b）组分占比

　　图 3-3 为压力对甲烷水蒸气重整反应过程的影响趋势，采用的计算参数：压
力为 1～5 atm，S/C 为 1，温度为 473～1273 K。从图 3-3（a）中可以看出，反应
物的量随压力的增加而上升，产物的量随压力的增加而下降。图 3-3（b）为反
应过程中反应物与产物在反应达到平衡状态时的占比，可以看出反应达到平衡后
各组分占比变化趋势与组分的量的变化趋势相同。图 3-4 为甲烷水蒸气重整制氢
过程中甲烷与水蒸气的量随压力的变化趋势，可以看出重整反应过程中甲烷与水
蒸气的量在同一温度下随反应压力的增加而增加。图 3-5 为甲烷水蒸气重整过程
中氢气与一氧化碳的量随压力的变化趋势，可以看出重整反应过程中，氢气与一
氧化碳的量在同一温度下随反应压力的增加而降低。这是由于甲烷水蒸气重整制
氢过程为体积增大的反应，随着反应进行反应物的体积逐渐减少。由勒夏特列原
理可知，增大压力会使反应向气体体积减小的方向移动，因此在反应过程中增加
压力会使反应平衡逆向移动，从而导致反应物的量增加而产物的量减少。基于上
述对甲烷水蒸气重整制氢过程的影响规律，为了使得到的氢气产量最大将反应温
度设置在 973～1273 K，压力保持在常压（1 atm）下。

　　图 3-6 为不同温度下 S/C 对甲烷水蒸气重整制氢反应的影响趋势，采用的计

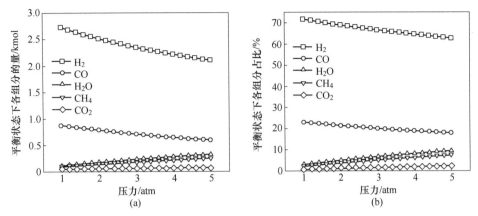

图 3-3 平衡状态下压力对各组分的量与占比的影响

（a）各组分的量；（b）各组分占比

（1 atm = 101325 Pa）

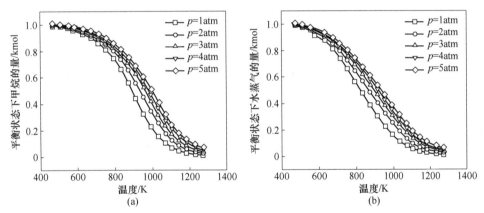

图 3-4 平衡状态下不同压力对甲烷与水蒸气的量的影响

（a）甲烷的量；（b）水蒸气的量

算参数：压力为 1 atm、S/C 为 0.5~3、温度为 473~1273 K。从图 3-6 可以看出，甲烷与水蒸气的量在随 S/C 增加而增加，同时其最佳反应温度逐渐降低。图 3-7（a）为氢气的量随 S/C 的变化趋势，可以看出氢气的量随 S/C 增加而增加。

这是由于当 S/C 增加时重整反应的反应物增多，使反应正向进行，导致反应物的量降低，产物的量增加。由于水煤气转换反应为吸热反应，重整反应随温度上升会发生逆反应，因此 S/C 越高，反应越容易达到平衡状态，导致最佳温度更低。从图 3-7（b）可以看出，一氧化碳的量随 S/C 增加呈现先增加后降低的趋势，这是由于重整反应随 S/C 增加使反应正向进行。当 S/C 超过 2 时，继续增加

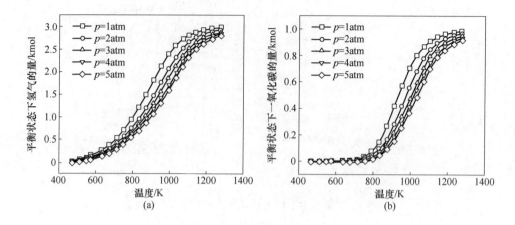

图 3-5   平衡状态下不同压力对氢气与一氧化碳的量的影响

（a）氢气的量；（b）一氧化碳的量

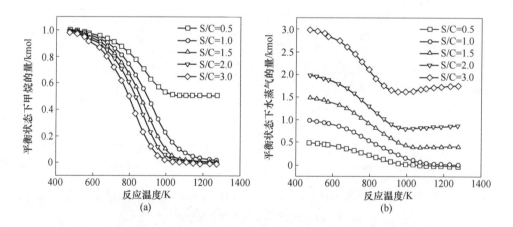

图 3-6   平衡状态下 S/C 对甲烷与水蒸气的量的影响

（a）甲烷的量；（b）水蒸气的量

S/C 对氢气的量增加不明显，随着 S/C 的增加甲烷水蒸气重整反应所需水蒸气的量增加，从而导致能耗增加，因此本书在后续计算中选取 S/C 为 2。

基于上述结论，甲烷水蒸气重整制氢过程是一个吸热耗能反应，随着反应温度升高促进反应正向进行。通过聚集后的太阳辐照强度可以达到使该重整反应到达自发反应所需的温度，并能提供稳定的热源，因此对于聚集辐照下的甲烷水蒸气重整制氢反应可行，为后面数值模拟与参数优化奠定基础。

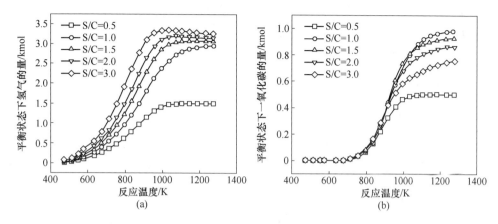

图 3-7 平衡状态下 S/C 对氢气与一氧化碳的量的影响

（a）氢气的量；（b）一氧化碳的量

3.2 聚集辐照下甲烷水蒸气重整反应参数优化

3.2.1 基于 BBD 的实验方案设计

BBD 是一种拟合响应面的三水平设计方法，该方法由 2^k 设计与不完全区组相结合设计。BBD 设计方法可以充分利用每个实验因素，即每个因素均有机会与同列其他因素的水平同时运行。BBD 设计方法为球形设计，所有的点都会在球面上（正方体棱上）及一个中心点，如图 3-8 所示。

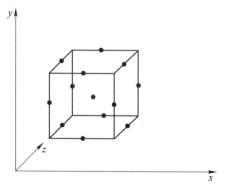

图 3-8 三因素 BBD（编码水平因子）模型

对于响应面分析，采用二项式进行分析有式（3-10）。

$$g(X_1, X_2, X_3, X_4, X_5) = a_0 + \sum_{i=1}^{5} a_i X_i + \sum_{i=1}^{5} \sum_{j=1}^{5} a_{ij} X_{ij} + \varepsilon \quad (3\text{-}10)$$

式中 X_1, X_2, X_3, X_4, X_5——待定系数，系数的总个数为 20 个；

ε——误差。

设 $g(x)$ 是与 X_1, X_2, X_3, X_4, X_5 相关的函数，若对于 X_1, X_2, X_3 自变量有确定的值，则 $g(x)$ 也会有相应的值。如果 $g(x)$ 存在数学期望，该期望为自变量的函数，即 $(X_1, X_2, X_3, X_4, X_5)$ 的回归。设 $(X_{11}, X_{22}, \cdots, X_{1p}, g_1), \cdots,$ $(X_{51}, X_{52}, \cdots, X_{5p}, g_5)$ 为整体中的一个样本，X_{np} 为第 n 个因素的第 p 个水平。

采用极大似然估计法对求解参数进行估计，取 $\hat{a}_0, \hat{a}_1, \hat{a}_2, \cdots, \hat{a}_p$，使 $a_0 = \hat{a}_0$，$a_1 = \hat{a}_1$，$a_2 = \hat{a}_2$，$\cdots$，$a_p = \hat{a}_p$，则有 $Q = \sum_{1}^{5} (g_i - a_0 - a_1 X_{i1} - \cdots - a_p X_{ip})^2$ 导数为 0，函数取最小值。

对 $a_0, a_1, a_2, \cdots, a_p$ 求关于 Q 的偏导，使其导数为 0，则有：

$$\begin{cases} \dfrac{\partial Q}{\partial a_0} = -2 \sum_{i=1}^{5} (g_i - a_0 - a_1 X_{i1} - a_2 X_{i2} - \cdots - a_p X_{ip}) = 0 \\ \qquad\qquad\qquad \vdots \\ \dfrac{\partial Q}{\partial a_j} = -2 \sum_{i=1}^{5} (g_i - a_0 - a_1 X_{i1} - a_2 X_{i2} - \cdots - a_p X_{ip}) X_{ij} = 0 \end{cases} \quad (3\text{-}11)$$

经过整理得：

$$\begin{cases} a_0 n + a_1 \sum_{i=1}^{5} X_{i1} + a_2 \sum_{i=1}^{5} X_{i2} + \cdots + a_p \sum_{i=1}^{5} X_{ip} = \sum_{i=1}^{5} g_i \\ a_0 \sum_{i=1}^{5} X_{i1} + a_1 \sum_{i=1}^{5} X_{i1}^2 + a_2 \sum_{i=1}^{5} X_{i1} X_{i2} + \cdots + a_p \sum_{i=1}^{5} X_{i1} X_{ip} = \sum_{i=1}^{5} X_{i1} g_i \\ \qquad\qquad\qquad\qquad\qquad \vdots \\ a_0 \sum_{i=1}^{5} X_{ip} + a_1 \sum_{i=1}^{5} X_{i1} X_{ip} + a_2 \sum_{i=1}^{5} X_{i2} X_{ip} + \cdots + a_p \sum_{i=1}^{5} X_{ip}^2 = \sum_{i=1}^{5} X_{ip} g_i \end{cases} \quad (3\text{-}12)$$

即

$$X'XA = X'Y$$

经过整理得：

$$X = \begin{bmatrix} 1 & X_{11} & \cdots & X_{1P} \\ 1 & X_{21} & \cdots & X_{2P} \\ \vdots & \vdots & \vdots & \vdots \\ 1 & X_{51} & \cdots & X_{5P} \end{bmatrix}, \qquad g = \begin{bmatrix} g_1 \\ g_2 \\ \vdots \\ g_p \end{bmatrix}, \qquad A = \begin{bmatrix} a_1 \\ a_2 \\ \vdots \\ a_p \end{bmatrix} \quad (3\text{-}13)$$

对 $X'XA = X'g$ 等式两边同时乘 $X'X$ 的逆矩阵 $(X'X)^{-1}$，得：

$$\hat{A} = \begin{bmatrix} \hat{a}_1 & \hat{a}_2 & \cdots & \hat{a}_p \end{bmatrix}^{-1} = (X'X)^{-1} X'g \quad (3\text{-}14)$$

式(3-14) 为 BBD 设计的求解方程。

3.2.2　甲烷水蒸气重整过程模拟方案设计

本书基于不同工况参数对聚集辐照下甲烷水蒸气重整反应的过程影响规律，将 6 个不同参数分为内部因素与外部因素。由于水碳比、气体入口温度、气体入口速度直接影响化学反应本身，因此将这三个因素作为内部影响因素。由于辐照度、孔隙率、反应器内压力间接影响化学反应，因此将这三个因素作为外部影响因素。

采用 BBD 方法进行方案设计可以减少试验次数，对于实验数据与回归数据也会有很高的相关性，保证了结果的准确性。针对不同因素对甲烷水蒸气重整制氢过程的影响，采用两种基于 BBD 的响应面设计流程的模拟方案，每种方案有15 组实验。内部因素对甲烷转化率的影响选取三个变量为：气体入口温度、气体入口速度、水碳比，分别选取 -1，0，1 三个水平进行设计。外部因素对甲烷水蒸气重整过程的影响选取的三个变量为：太阳光辐照度、孔隙率、反应器内压力，分别取 -1，0，1 三个水平，其中 -1 代表最低值、0 代表中间值、1 代表最大值。由于氢气产率受到甲烷转化率的影响，因此采用的响应指标为甲烷转化率。两种方案的因素与水平见表 3-2 和表 3-3。

表 3-2　内部因素设计方案因素与水平

参　　数	单　　位	水　平		
		-1	0	1
D—水碳比		1	1.5	2
E—气体入口温度	K	300	400	500
F—气体入口速度	m/s	0.06	0.08	0.1

表 3-3　外部因素设计方案因素与水平

参　　数	单　　位	水　平		
		-1	0	1
A—孔隙率		0.65	0.75	0.85
B—辐照度	kW/m^2	100	350	600
C—压力	atm①	1	3	5

① 1 atm = 101325 Pa。

3.2.3　内部因素响应结果及方差分析

甲烷水蒸气重整过程中以甲烷转化率为响应目标，采用 BBD 设计方案对

表 3-2 和表 3-3 中不同变量的数值进行组合设计。BBD 设计方案通过式（3-15）计算得到 15 组独立变量的数值组合，表 3-4 为每组独立变量数值作为计算参数，通过 Fluent 软件模拟计算得到甲烷转化率的结果。

$$N = 2(x - 1) + r \qquad (3-15)$$

式中　　N——组合数；

　　　　x——因子数；

　　　　r——中心点重复数。

基于甲烷水蒸气重整过程以甲烷转化率为响应目标，采用 BBD 对表 3-4 中三个不同变量的数值进行组合设计。根据式（3-15）得出 15 组不同数值变量组合与响应结果见表 3-4。

表 3-4　内部因素不同组合设计计算及响应结果

序号	因素 1：气体入口速度/m·s⁻¹	因素 2：S/C	因素 3：气体入口温度/K	响应结果：甲烷转化率/%
1	0.1	1	400	31.13
2	0.1	1.5	500	51.48
3	0.08	1	500	36.94
4	0.06	1.5	500	59.79
5	0.08	2	500	65.28
6	0.08	1	300	30.22
7	0.08	1.5	400	51.48
8	0.08	2	300	50.03
9	0.1	1.5	300	44.99
10	0.06	1.5	300	51.94
11	0.06	1	400	37.73
12	0.08	1.5	400	50.38
13	0.08	1.5	400	52.05
14	0.06	2	400	67.16
15	0.1	2	300	33.96

在建立二次模型后，需对该模型进行方差分析和 t 检验以验证模型的准确性。本书将通过 Fluent 模拟计算所得数据称为"观测数据"，将采用回归模型所得的数据称为"回归数据"，通过以下参数进行模型验证。

3.2.3.1　相关系数、决定系数、调整后的决定系数

相关系数（R）是衡量不同变量之间的相关程度的指标，见式（3-16）。

$$R = \frac{\sum\limits_{i=1}^{N} (y_{p,i} - \overline{y_p})(y_{o,i} - \overline{y_o})}{\sqrt{\sum\limits_{i=1}^{N} (y_{p,i} - \overline{y_p})^2} \cdot \sqrt{\sum\limits_{i=1}^{N} (y_{o,i} - \overline{y_o})^2}} \tag{3-16}$$

R 在 $-1 \sim 1$ 之间范围内取值（包括 -1 和 1），R 的绝对值表示相关程度的高低。$R<0$ 为负相关，$R=0$ 为不相关，$R>0$ 为正相关，$R=-1$ 为完全负相关，$R=1$ 为完全正相关。

决定系数（R^2）是决定不同变量相关密切程度的标准，见式（3-17）。

$$R^2 = \left[1 + \frac{\sum\limits_{i=1}^{0} (Y_0 - Y_P)^2}{\sum\limits_{i=1}^{0} (Y_0 - \overline{Y_P})^2} \right]^{-1} \tag{3-17}$$

R^2 代表所有变量对模型的影响程度，不能代表单一变量对模型的影响程度，R^2 取值范围在 $0 \sim 1$ 之间（包括 0 与 1），其值越接近 0 表明该模型符合程度越低，越接近 1 表明模型符合程度越高。R^2 值越大模型拟合程度越好，自变量对函数的影响程度越大。

R^2 是用来评价回归方程优劣的准则，但 R^2 随自变量个数增加而增大，因此对于不同自变量的回归方程进行比较时要考虑自变量个数的影响。基于 R^2 的值提出了"最优"回归方程即调整后的决定系数（R_a^2），定义见式（3-18）。

$$R_a^2 = 1 - \frac{RSS}{SS_T} \times \frac{df_T}{df_E} = 1 - \left[(1 - R^2) \times \frac{n-1}{n-k-1} \right] \tag{3-18}$$

3.2.3.2　t 分布、P 值、F 检验

t 分布是对回归线的斜率是否显著且不为零进行检验或用于检验同一变量不同测量值之间的差值。其值定义见式（3-19）。

$$t = \frac{\overline{y_0} - \overline{y_p}}{S_{y_0 y_p} (n/2)^{0.5}} \tag{3-19}$$

式中　$S_{y_0 y_p}$ ——两组数据之间的标准差，其值见式（3-20）。

$$S_{y_0 y_p} = \left(\frac{S_{y_0}^2 + S_{y_p}^2}{2} \right)^{0.5} \tag{3-20}$$

P 值（P-value）是用来判定假设检验结果的一个参数，也是根据不同分布使用分布拒绝域进行比较的一个值。P 值是当假设结果为真时比所得样本结果出现更极端结果的概率。若 P 值小，极端结果出现的概率很小，当这种结果出现时基于小概率原理可以拒绝原假设，P 值越小所得响应结果越显著。若 P 值 <0.01 说明判定结果较强，响应结果有较强的显著性；若 $0.01<$ P 值 <0.05，说明响应结

果显著性较弱；若 P 值>0.05，说明响应结果不显著。

　　F 检验（Fisher's F-value）用于均数差别的显著性检验，分析各种相关因素估计对其总变异的作用，分析因素之间相互作用的影响等。

　　采用响应面方法中的 BBD 设计对内部因素影响甲烷转化率的响应模型进行分析，基于分析结果共有三种模型可供选择，即线性模型、双因素相互作用模型、二次模型。从表 3-5 可以看出，二次模型方差值大于其他两种模型方差值，同时二次模型方差值最接近 1。因此综合考虑各模型对于响应结果的影响，采用二次模型作为响应结果的预测模型对内部因素进行方差分析。

表 3-5　内部因素模型响应结果统计汇总

模　　型	P 值结果	失拟项结果	调整后 R^2	预测 R^2	其　　他
线性模型（Linear）	< 0.0001	0.0384	0.8766	0.8037	
双因素相互作用 模型（2FI）	0.5446	0.0331	0.8682	0.6467	
二次模型（Quadratic）	0.0084	0.1444	0.9761	0.8752	建议使用

　　根据表 3-4 得到的甲烷转化率结果，基于响应面法分析以优化甲烷水蒸气重整过程中工况参数为目标，利用最小二乘法对结果进行回归分析，确定内部因素对甲烷转化率影响的二次模型，见式（3-21）。

$$CH_4 \text{ 转化率} = 51.30 - 4.63A + 12.30B + 4.54C -$$
$$2.14AB - 0.34AC + 2.13BC + \qquad (3-21)$$
$$1.06A^2 - 5.37B^2 - 0.3179C^2$$

　　基于所建立的二次模型对甲烷水蒸气重整过程中内部因素对甲烷转化率的影响进行方差分析。表 3-6 为内部因素对甲烷转化率影响的方差分析结果。

表 3-6　内部因素影响响应面模型的方差分析

项　　目	平方和	自由度	均方值	F 值	P 值	是否显著
模型	1698.91	9	188.77	64.65	0.0001	显著
A—气体入口速度	171.50	1	171.50	58.73	0.0006	
B—水碳比	1211.06	1	1211.06	414.77	< 0.0001	
C—气体入口温度	164.80	1	164.80	56.44	0.0007	
AB	18.40	1	18.40	6.30	0.0538	
AC	0.4624	1	0.4624	0.1584	0.7071	
BC	18.19	1	18.19	6.23	0.0548	
A^2	4.18	1	4.18	1.43	0.2849	

项　目	平方和	自由度	均方值	F 值	P 值	是否显著
B^2	106.39	1	106.39	36.44	0.0018	
C^2	0.3732	1	0.3732	0.1278	0.7353	
失拟项	13.16	3	4.39	6.09	0.1444	不显著
R^2	0.9915					
调整 R^2	0.9761					
预测 R^2	0.8752					
精度（信噪比）	25.2088					

从表 3-6 中可以看出响应模型的 F 值为 64.65，P 值为 0.0001，可以说明得到的响应模型显著，可靠性较高。从表 3-6 中可以看出，模型的 R^2 值为 0.9915，调整后 R^2 值为 0.9761，仅有 2.39% 的响应量超出预测范围。预测 R^2 值为 0.8752，调整后的 R^2 值与预测的 R^2 值之间差值小于 0.2。精度（信噪比）值为 25.2088，大于 4。基于以上数据可以证明响应模型的正确性，该模型可以用于后续甲烷水蒸气重整反应的研究；同时从该模型的方差分析结果可以看出，气体入口速度（A）、水碳比（B）、气体入口温度（C）因素对于结果都有显著的影响。F 值越大该变量对于结果的影响越显著，因此根据方差分析中各变量的 F 值可知，各变量对于响应结果影响的显著性顺序为：水碳比>气体入口速度>气体入口温度。此外，表 3-6 中失拟项 P 值为 0.1444（不显著），也可以说明该模型的正确性。

3.2.4 外部因素响应结果及方差分析

基于甲烷水蒸气重整过程以甲烷转化率为响应目标采用 BBD 对表 3-7 中三个不同变量的数值进行组合设计。根据式（3-15）得出 15 组不同数值变量组合与响应结果（甲烷转化率）见表 3-7，可以看出不同因素组合所得甲烷转化率的响应结果。

表 3-7　外部因素不同组合设计计算及响应结果

序号	因素 1：孔隙率	因素 2：辐照度 /kW・m^{-2}	因素 3：压力/atm①	响应结果：甲烷转化率/%
1	0.65	350	5	17.63
2	0.75	350	3	34.89
3	0.75	350	3	35.12
4	0.75	100	1	57.76

序号	因素 1：孔隙率	因素 2：辐照度 /kW · m^{-2}	因素 3：压力/atm[①]	响应结果： 甲烷转化率/%
5	0.85	350	5	29.89
6	0.65	600	3	28.22
7	0.75	600	5	25.71
8	0.85	350	1	74.14
9	0.85	100	3	36.4
10	0.75	600	1	67.51
11	0.65	350	1	52.37
12	0.75	100	5	19.96
13	0.65	100	3	22.26
14	0.85	600	3	45.25
15	0.75	350	3	33.96

①1 atm = 101325 Pa。

采用响应面方法对外部因素影响甲烷转化率的响应模型进行分析。表 3-8 为外部因素影响下的三种模型（线性模型、双因素相互作用模型、二次模型）响应结果统计汇总，可以看出应选择二次模型作为响应结果的预测模型对外部因素进行方差分析。

表 3-8 外部因素模型响应结果统计汇总

模 型	P 值结果	失拟项结果	调整后 R^2	预测 R^2	其 他
线性模型（Linear）	< 0.0001	0.0384	0.8880	0.8237	
双因素相互作用 模型（2FI）	0.8750	0.0331	0.8581	0.6192	
二次模型（Quadratic）	< 0.0001	0.1444	0.9987	0.9952	建议使用

外部因素对聚集辐照下甲烷水蒸气重整制氢过程中甲烷转化率的影响和相互作用可以通过二项式进行解释，根据表 3-7 得到的甲烷转化率结果，基于响应面法分析以优化甲烷水蒸气重整过程中不同工况参数为目标，利用最小二乘法对结果进行回归分析，确定甲烷转化率的二次模型，见式（3-22）。

$$CH_4 \text{ 转化率} = 51.30 - 4.63A + 12.30B + 4.54C -$$
$$2.14AB - 0.34AC + 2.13BC + \quad\quad (3-22)$$
$$1.06A^2 - 5.37B^2 - 0.3179C^2$$

表 3-9 为甲烷水蒸气重整过程中外部因素对甲烷转化率进行的方差分析，响应模型的 F 值为 1225.58，P 值小于 0.0001，可以说明得到的响应模型显著，具

有较高的可靠性。同时可以看出，该模型的方差 R^2 值为 0.9995，调整后 R^2 值为 0.9987，即仅有 0.13% 的响应变量超出预测范围；预测 R^2 值为 0.9952，调整后 R^2 值与预测 R^2 的值间差值小于 0.2。精度（信噪比）的值为 111.6588 大于 4。基于以上数据可以证明该响应模型的正确性，该模型可以用于后续聚集辐照下甲烷水蒸气重整制氢反应参数的优化研究。从该模型的方差分析结果可以看出，孔隙率（A）、辐照度（B）、压力（C）对于响应结果都有显著的影响。由于 F 值越大该变量对于响应结果的影响越显著，因此根据方差分析结果中不同变量的 F 值，可得出各变量对于响应结果影响的显著性顺序为：压力>孔隙率>辐照度。此外，表 3-9 中失拟项 P 值为 0.5360（不显著），也可以说明该响应模型的正确性。

表 3-9　外部因素影响响应面模型的方差分析

项　　目	平方和	自由度	均方值	F 值	P 值	是否显著
模型	4153.84	9	461.54	1225.58	<0.0001	显著
A-孔隙率	531.38	1	531.38	1411.04	<0.0001	
B-辐照度	114.84	1	114.84	304.94	<0.0001	
C-压力	3143.85	1	3143.85	8348.24	<0.0001	
AB	2.09	1	2.09	5.54	0.0652	
AC	22.61	1	22.61	60.04	0.0006	
BC	4.00	1	4.00	10.62	0.0225	
A^2	0.6695	1	0.6695	1.78	0.2399	
B^2	5.30	1	5.30	14.08	0.0133	
C^2	317.75	1	317.75	843.75	<0.0001	
失拟项	1.13	3	0.3762	0.9972	0.5360	不显著
R^2	0.9995					
调整后 R^2	0.9987					
预测 R^2	0.9952					
精度（信噪比）	111.6588					

综上所述，基于方差分析，对回归模型的充分性、拟合度、显著性及适应性进行研究，认为上述回归模型满足指标要求，可以对甲烷水蒸气重整过程中不同参数共同作用的影响进行预测与优化。

3.2.5　结果与讨论

为了分析不同变量共同作用对甲烷转化率的影响，选取对甲烷转化率有影响的变量进行分析，从而获得甲烷转化率最佳的运行参数，图 3-9 为影响甲烷转化率的三个变量（内部影响因素）两两相互作用时的响应面及等高线。从图 3-9（a）中可以看出，甲烷转化率随水碳比的增加而增大，随气体入口速度增加而降低。这是由于增加水碳比相当于增加反应物的量，增加反应物的量可促进反应正向进行。气体入口速度增加导致反应气体在反应器内停留时间减少，与催化剂不能充分接触，使反应未能充分进行；此外，气体入口速度增加使太阳能反应器内温度降低，由于甲烷水蒸气重整反应为吸热反应，温度降低会影响反应速率，故抑制重整反应进行，因此，甲烷转化率随水碳比增加而增大，随气体入口速度增加而降低。

从图 3-9（b）中可以看出在水碳比一定时，甲烷转化率随气体入口温度升高而增大，随气体入口速度增加而降低。造成这种趋势的原因是：升高而气体入口温度会缩短反应气体到达反应温度的时间，从而会有更多的热量用来进行反应，温度升高而促进反应正向进行，因此甲烷转化率随入口温度升高而增大。从图 3-9（c）中可以看出，气体入口速度一定时，甲烷转化率随气体入口温度与水碳比增加而增大。因此，在重整过程中要选择较高的气体入口温度与水碳比以及较低的气体入口速度。

不同变量共同作用时甲烷转化率的最佳结果，通过响应面模型的可信度确定。考虑到反应器的耐热性及甲烷转化率，需要对表 3-10 中变量取值范围进一步优化以便得到最优结果。基于优化后的数据，采用 Design expert 软件得到甲烷转化率和可信的计算结果，可信度越高，所得结果越准确。当水碳比、气体入口温度、气体入口速度分别为 1.9、498 K、0.061 m/s 时，甲烷转化率为72.31%。为了验证所得结果准确性，采用该组数据进行模拟计算得到甲烷转化率为 73.38%。模拟所得结果与优化结果误差为 1.07%，因此采用软件优化的计算结果可靠，可以作为甲烷水蒸气重整制氢优化结果。

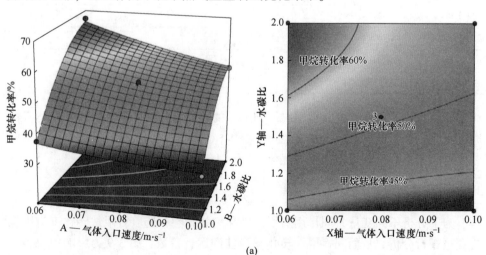

(a)

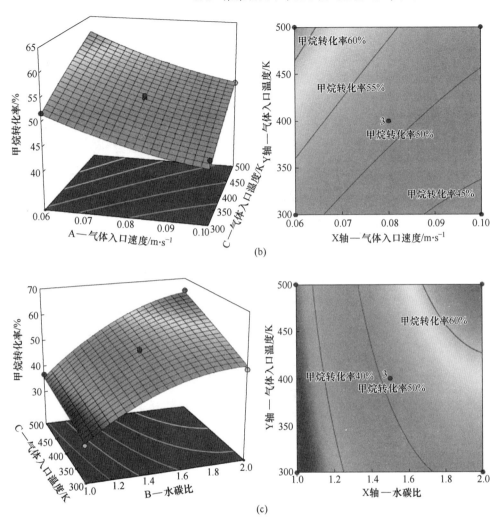

图 3-9 三维响应面与等高线图

（a）气体入口速度与水碳比；（b）气体入口速度与气体入口温度；（c）水碳比与气体入口温度

表 3-10 自变量与响应结果的取值范围

参 数	范 围	最低值	最高值
A—气体入口速度/m·s^{-1}	在范围内	0.06	0.1
B—水碳比	在范围内	1	2
C—气体入口温度/K	在范围内	300	500
甲烷转化率/%	最大值	30.22	67.16

　　为了分析不同变量共同作用时对甲烷水蒸气重整制氢过程中甲烷转化率的影响，选取对甲烷转化率具有影响的外部因素变量（压力、辐照度、孔隙率）进行分析，从而获得甲烷转化率最佳的运行参数，图 3-10 为影响甲烷转化率的三

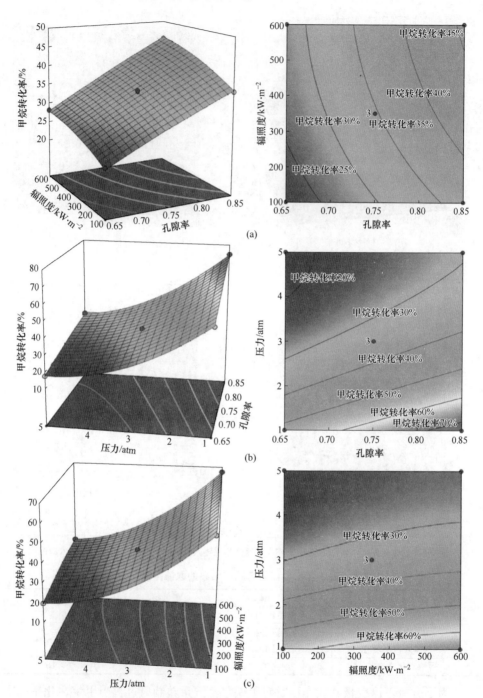

图 3-10 三维响应面与等高线图
（a）辐照度与孔隙率；（b）孔隙率与压力；（c）辐照度与压力
（1 atm = 101325 Pa）

个变量相互作用时的响应面及等高线。从图 3-10（a）中可以看出，甲烷转化率随孔隙率与辐照度的增加而增大。这是由于增加孔隙率会使多孔介质处固体材料吸收投入的辐射能量增加，从而增加固体与反应气体之间的辐射换热，进一步升高反应区内的温度。由于重整反应为吸热反应，温度升高反应会吸收更多的热量，促进平衡正向移动，因此甲烷转化率随孔隙率增加而增大。

辐照度的增加使聚集太阳能辐照透过采光孔进入反应器内的热流密度增加，从而升高了反应器内的温度并增强了反应气体换热能力，使反应气体可以吸收更多的热量，促进平衡正向移动。由于重整反应为吸热反应，温度升高会促进反正向进行，因此甲烷转化率随辐照度增加而增大。在压力一定时，甲烷转化率基于上述原因随孔隙率与辐照度增加而增大，因此要使甲烷转化率最大，应选择较高的孔隙率与辐照度。从图 3-10（b）中可以看出，在压力一定时，甲烷转化率随孔隙率增加而增大，随压力增加而下降，这是由于甲烷水蒸气重整过程中整体反应为体积增大的反应，反应气体的摩尔分数随反应进行气体体积逐渐减小；由勒夏特列原理可知，增大压力会使反应向气体体积减小的方向移动，所以在反应过程中增加压力会使反应平衡逆向移动，导致甲烷转化率下降。因此在甲烷水蒸气重整制氢反应过程中要使甲烷转化率最大，应该选择较大的孔隙率与较低压力。图 3-10（c）为在辐照度一定时，甲烷转化率在压力与辐照度共同作用下的变化趋势，从图中可以看出甲烷转化率随压力增加而降低随辐照度增加而增大，造成这种趋势的原因与图 3-10（b）的原因相同。因此在甲烷水蒸气重整制氢过程中要使甲烷转化率最大，应选择较高的辐照度与孔隙率以及较低的压力。

聚集辐照下甲烷水蒸气重整制氢反应过程中不同变量共同作用时所得的甲烷转化率的最佳结果，可以通过响应面模型的可信度确定。由于该重整反应在高温下进行，因此综合考虑所使用热化学反应器的耐热性及甲烷转化率的结果，需要对表 3-11 中变量取值范围进一步优以便得到最优结果。基于优化后的数据以及采用 Design expert 软件得到甲烷转化率和可信度的计算结果，可信度由高到低排列，可信度越高所得结果越准确。当孔隙率、辐照度、压力分别为 0.85、592 kW/m^2、1.01 atm 时，甲烷转化率为 77.67%。为了验证通过响应面所得结果的准确性，采用该组数据进行模拟计算得到甲烷转化率为 76.39%。模拟所得结果与优化结果误差为 1.28%，误差较小。因此采用软件优化的计算结果可靠，可以作为聚集辐照下甲烷水蒸气重整制氢的优化结果。

表 3-11　自变量及响应结果的取值范围

参　　数	范　　围	最低值	最高值
A—孔隙率	在范围内	0.65	0.85
B—辐照度/kW·m^{-2}	在范围内	100	600
C—压力/atm	在范围内	1	5
甲烷转化率/%	最大值	17.63	74.14

4 聚集辐照下甲烷水蒸气重整反应机理

4.1 甲烷水蒸气重整反应工况参数研究

4.1.1 甲烷水蒸气重整反应模型

模拟中的连续性方程、动量守恒方程、能量守恒方程和理想气体方程等表达式见文献[219，222]。

（1）连续性方程：

$$\rho u \frac{\mathrm{d}A}{\mathrm{d}x} + \rho A \frac{\mathrm{d}\rho}{\mathrm{d}x} + uA \frac{\mathrm{d}\rho}{\mathrm{d}x} = a_i \sum_{\mathrm{gas}}^{K_\mathrm{g}} \dot{g}_k W_k \qquad (4-1)$$

式中 ρ ——密度，g/cm^3；

$\quad\quad u$ ——轴向速度，cm/s；

$\quad\quad A$ ——反应器单位长度的截面面积，cm^2；

$\quad\quad a_i$ ——反应器单位长度的内表面积，cm^2；

$\quad\quad K_\mathrm{g}$ ——气体的数量；

$\quad\quad W_k$ ——k 物质的摩尔质量，g/mol；

$\quad\quad \dot{g}_k$ ——表面反应中 k 物质的摩尔产率，$mol/(cm^2 \cdot s)$。

（2）动量守恒方程：

$$A \frac{\mathrm{d}P}{\mathrm{d}x} + \rho uA \frac{\mathrm{d}u}{\mathrm{d}x} + \frac{\mathrm{d}F}{\mathrm{d}x} + ua_i \sum_{\mathrm{gas}}^{K_\mathrm{g}} \dot{g}_k W_k = 0 \qquad (4-2)$$

式中 P ——压力，atm●；

$\quad\quad F$ ——反应器壁面作用在气体上的压力，atm。

（3）能量守恒方程：

$$\rho uA \left(\sum_{\mathrm{gas}}^{K_\mathrm{g}} h_k \frac{\mathrm{d}Y_k}{\mathrm{d}x} + \overline{C}_\mathrm{p} \frac{\mathrm{d}T}{\mathrm{d}x} + u \frac{\mathrm{d}u}{\mathrm{d}x} \right) + \left(\sum_{\mathrm{gas}}^{K_\mathrm{g}} h_k Y_k + \frac{1}{2}u^2 \right) a_i \sum_{\mathrm{gas}}^{K_\mathrm{g}} \dot{g}_k W_k$$

$$= a_\mathrm{e} Q_\mathrm{e} - a_i \sum_{\mathrm{bulk}}^{K_\mathrm{b}} \dot{b}_k W_k h_k \qquad (4-3)$$

● 1 atm = 101325 Pa。

式中 h_k ——k 物质的焓，J；

$\overline{C}_p$ ——单位气体质量的平均热容，J/K；

T ——气体温度，K；

$\dot{b}_k$ ——固体物质 k 在表面反应的摩尔产率，%。

（4）理想气体方程：

$$P\overline{W} = \rho RT \tag{4-4}$$

式中 R ——通用气体常数，J/(mol·K)；

$\overline{W}$ ——平均摩尔质量，g/mol。

（5）甲烷转化率：

$$X_{CH_4} = \frac{CH_{4in} - CH_{4out}}{CH_{4in}} \tag{4-5}$$

式中 X_{CH_4} ——甲烷转化率，%；

CH_{4in} ——反应器进口处甲烷摩尔分数；

CH_{4out} ——反应器出口处甲烷摩尔分数。

（6）水蒸气转化率：

$$X_{H_2O} = \frac{H_2O_{in} - H_2O_{out}}{H_2O_{in}} \tag{4-6}$$

式中 X_{H_2O} ——水蒸气转化率，%；

H_2O_{in} ——反应器进口处水蒸气摩尔分数；

H_2O_{out} ——反应器出口处水蒸气摩尔分数。

4.1.2 边界条件

本书在模拟过程中气体入口采用质量流量入口，另外假设条件如下：

（1）混合气体为不可压缩的理想气体，且在进入反应器前已混合均匀。

（2）催化剂均匀分布在反应器内壁，因此反应发生在反应器内壁。

（3）反应过程中忽略辐射传热。

4.1.3 反应机理

CHEMKIN 所用的反应机理不仅要包括反应式，还应包括反应速率常数，以 Arrhenius 系数表示（指前因子、温度系数和活化能）。具体的公式如下：

$$K = A_i T^{\beta} \exp\left(\frac{-E}{RT}\right) \tag{4-7}$$

式中 A_i ——指前因子，cm²/(mol·s)；

β ——温度系数；

E ——活化能，kJ/mol。

本书的反应机理见表 4-1，主要包括三个步骤，反应气体在催化剂表面的吸附反应、吸附态的物质在催化剂表面的反应以及吸附态的物质在催化剂表面的解离反应。与之前的反应机理不同，表 4-1 详细考虑了吸附态的 HCO 和吸附态的 COOH 在催化剂表面的各种反应。采用的 Arrhenius 系数来源于 Liu 和 Delgado 基于 Ni 基催化剂的甲烷水蒸气重整反应机理。

表 4-1　甲烷水蒸气重整表面反应机理

序号	反 应 式	指前因子 /$cm^2 \cdot (mol \cdot s)^{-1}$	温度系数	活化能 /$kJ \cdot mol^{-1}$
1	$2H(Ni) \rightarrow Ni(s) + H_2(Ni)$	$1.00 \times 10^{+13}$	0.0	97.9
2	$H_2(Ni) + Ni(s) \rightarrow 2H(Ni)$	$1.00 \times 10^{+13}$	0.0	34.3
3	$H_2(Ni) \rightarrow H_2(g) + Ni(s)$	$6.00 \times 10^{+12}$	0.0	28.5
4	$H_2(g) + Ni(s) \rightarrow H_2(Ni)$	$1.00 \times 10^{+6}$	0.0	0.0
5	$H_2(g) + 2Ni(s) \rightarrow 2H(Ni)$	3.00×10^{-2}	0.0	5.0
6	$2H(Ni) \rightarrow 2Ni(s) + H_2(g)$	$2.54 \times 10^{+20}$	0.0	95.2
7	$O_2(g) + 2Ni(s) \rightarrow 2O(Ni)$	4.36×10^{-2}	-0.2	1.5
8	$2O(Ni) \rightarrow 2Ni(s) + O_2(g)$	$1.19 \times 10^{+21}$	0.8	468.9
9	$CH_4(g) + Ni(s) \rightarrow CH_4(Ni)$	8.00×10^{-3}	0.0	0.0
10	$CH_4(Ni) \rightarrow Ni(s) + CH_4(g)$	$8.70 \times 10^{+15}$	0.0	37.5
11	$H_2O(g) + Ni(s) \rightarrow H_2O(Ni)$	1.00×10^{-1}	0.0	0.0
12	$H_2O(Ni) \rightarrow Ni(s) + H_2O(g)$	$3.73 \times 10^{+12}$	0.0	60.8
13	$CO_2(g) + Ni(s) \rightarrow CO_2(Ni)$	7.00×10^{-6}	0.0	0.0
14	$CO_2(Ni) \rightarrow Ni(Ni) + CO_2(g)$	$6.44 \times 10^{+7}$	0.0	26.0
15	$CO(g) + Ni(s) \rightarrow CO(Ni)$	5.00×10^{-1}	0.0	0.0
16	$CO(Ni) \rightarrow Ni(s) + CO(g)$	$3.57 \times 10^{+11}$	0.0	111.3
17	$O(Ni) + H(Ni) \rightarrow OH(Ni) + Ni(s)$	$3.95 \times 10^{+23}$	-0.2	104.3
18	$OH(Ni) + Ni(s) \rightarrow O(Ni) + H(Ni)$	$2.25 \times 10^{+20}$	0.2	29.6
19	$OH(Ni) + H(Ni) \rightarrow H_2O(Ni) + Ni(s)$	$1.85 \times 10^{+20}$	0.1	41.5
20	$H_2O(Ni) + Ni(s) \rightarrow OH(Ni) + H(Ni)$	$3.67 \times 10^{+21}$	-0.1	92.9
21	$OH(Ni) + OH(Ni) \rightarrow O(Ni) + H_2O(Ni)$	$2.35 \times 10^{+20}$	0.3	92.4
22	$O(Ni) + H_2O(Ni) \rightarrow OH(Ni) + OH(Ni)$	$8.15 \times 10^{+24}$	-0.3	218.5

序号	反 应 式	指前因子 /cm²·(mol·s)⁻¹	温度系数	活化能 /kJ·mol⁻¹
23	$O(Ni) + C(Ni) \rightarrow CO(Ni) + Ni(s)$	$3.40 \times 10^{+23}$	0.0	148.0
24	$CO(Ni) + Ni(s) \rightarrow O(Ni) + C(Ni)$	$1.76 \times 10^{+13}$	0.0	116.2
25	$O(Ni) + CO(Ni) \rightarrow CO_2(Ni) + Ni(s)$	$2.00 \times 10^{+19}$	0.0	123.6
26	$CO_2(Ni) + Ni(s) \rightarrow O(Ni) + CO(Ni)$	$4.65 \times 10^{+23}$	−1.0	89.3
27	$HCO(Ni) + Ni(s) \rightarrow CO(Ni) + H(Ni)$	$3.71 \times 10^{+21}$	0.0	0.0
28	$CO(Ni) + H(Ni) \rightarrow HCO(Ni) + Ni(s)$	$4.01 \times 10^{+20}$	−1.0	132.2
29	$HCO(Ni) + Ni(s) \rightarrow O(Ni) + CH(Ni)$	$3.80 \times 10^{+14}$	0.0	81.9
30	$O(Ni) + CH(Ni) \rightarrow HCO(Ni) + Ni(s)$	$4.60 \times 10^{+20}$	0.0	110.0
31	$CH_4(Ni) + Ni(s) \rightarrow CH_3(Ni) + H(Ni)$	$1.55 \times 10^{+21}$	0.1	55.8
32	$CH_3(Ni) + H(Ni) \rightarrow CH_4(Ni) + Ni(s)$	$1.44 \times 10^{+22}$	−0.1	63.5
33	$CH_3(Ni) + Ni(s) \rightarrow CH_2(Ni) + H(Ni)$	$1.55 \times 10^{+24}$	0.1	98.1
34	$CH_2(Ni) + H(Ni) \rightarrow CH_3(Ni) + Ni(s)$	$3.09 \times 10^{+23}$	−0.1	57.2
35	$CH_2(Ni) + Ni(s) \rightarrow CH(Ni) + H(Ni)$	$3.70 \times 10^{+24}$	0.1	95.2
36	$CH(Ni) + H(Ni) \rightarrow CH_2(Ni) + Ni(s)$	$9.77 \times 10^{+24}$	−0.1	81.1
37	$CH(Ni) + Ni(s) \rightarrow C(Ni) + H(Ni)$	$9.89 \times 10^{+20}$	0.5	22.0
38	$C(Ni) + H(Ni) \rightarrow CH(Ni) + Ni(s)$	$1.71 \times 10^{+24}$	−0.5	157.9
39	$O(Ni) + CH_4(Ni) \rightarrow CH_3(Ni) + OH(Ni)$	$5.62 \times 10^{+24}$	−0.1	87.9
40	$CH_3(Ni) + OH(Ni) \rightarrow O(Ni) + CH_4(Ni)$	$2.99 \times 10^{+22}$	0.1	25.8
41	$O(Ni) + CH_3(Ni) \rightarrow CH_2(Ni) + OH(Ni)$	$1.22 \times 10^{+25}$	−0.1	130.7
42	$CH_2(Ni) + OH(Ni) \rightarrow O(Ni) + CH_3(Ni)$	$1.39 \times 10^{+21}$	0.1	19.0
43	$O(Ni) + CH_2(Ni) \rightarrow CH(Ni) + OH(Ni)$	$1.22 \times 10^{+25}$	−0.1	131.4
44	$CH(Ni) + OH(Ni) \rightarrow O(Ni) + CH_2(Ni)$	$4.41 \times 10^{+22}$	0.1	42.5
45	$O(Ni) + CH(Ni) \rightarrow C(Ni) + OH(Ni)$	$2.47 \times 10^{+21}$	0.3	57.7
46	$C(Ni) + OH(Ni) \rightarrow O(Ni) + CH(Ni)$	$2.43 \times 10^{+21}$	−0.3	119.0
47	$CO(Ni) + CO(Ni) \rightarrow CO_2(Ni) + C(Ni)$	$1.62 \times 10^{+14}$	0.5	241.8
48	$CO_2(Ni) + C(Ni) \rightarrow CO(Ni) + CO(Ni)$	$7.29 \times 10^{+28}$	−0.5	239.2
49	$COOH(Ni) + Ni(s) \rightarrow CO_2(Ni) + H(Ni)$	$3.74 \times 10^{+20}$	0.5	33.7

续表 4-1

序号	反 应 式	指前因子 /$cm^2 \cdot (mol \cdot s)^{-1}$	温度系数	活化能 /$kJ \cdot mol^{-1}$
50	$CO_2(Ni)+H(Ni) \rightarrow COOH(Ni)+Ni(s)$	$6.25 \times 10^{+24}$	-0.5	117.3
51	$COOH(Ni)+Ni(s) \rightarrow CO(Ni)+OH(Ni)$	$1.46 \times 10^{+24}$	-0.2	54.4
52	$CO(Ni)+OH(Ni) \rightarrow COOH(Ni)+Ni(s)$	$6.00 \times 10^{+20}$	0.2	97.6
53	$C(Ni)+OH(Ni) \rightarrow CO(Ni)+H(Ni)$	$3.89 \times 10^{+25}$	0.2	62.6
54	$CO(Ni)+H(s) \rightarrow C(Ni)+OH(Ni)$	$3.52 \times 10^{+18}$	-0.2	105.5
55	$COOH(Ni)+H(Ni) \rightarrow HCO(Ni)+OH(Ni)$	$6.00 \times 10^{+22}$	-1.2	104.9
56	$HCO(Ni)+OH(Ni) \rightarrow COOH(Ni)+H(Ni)$	$2.28 \times 10^{+20}$	0.3	15.9

注：反应机理均取自文献。

4.1.4　CHEMKIN 模拟过程

本书选取的是 PFR 反应器，具体的反应界面如图 4-1 所示，由气体入口、PFR 反应器和气体出口组成。反应气体从气体入口以一定质量流量进入反应器，并且反应气体在进入反应器前就已经预热和混合完毕，PFR 反应器可近似为管式反应器，采用的催化剂为 Ni 基催化剂，催化剂均匀布置在反应器内壁表面，进入反应器的反应气体在反应器内壁表面的催化剂上发生反应，最后生成的气体和未反应的气体一起由气体出口排出反应器。

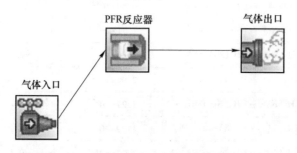

图 4-1　CHEMKIN 反应器界面

模拟过程中的工况参数设置界面如图 4-2 所示。图 4-2 (a) 为反应器问题设置界面，包括求解问题、反应器尺寸、气体温度和压力设置。求解问题分为两种，即混合气体温度计算（瞬态计算）和求解气体能量方程计算（稳态计算），设置求解问题为求解气体能量方程，即稳态计算。反应器尺寸设置分为末端轴向距离（反应器长度）和反应器直径。气体初始温度和反应器表面温度相同，为了统一表达和便于理解，因此下文均表达为反应器温度。由于甲烷水蒸气重整反应是气体体积增大的反应，压力的增加不利于甲烷水蒸气重整反应的正向进行，

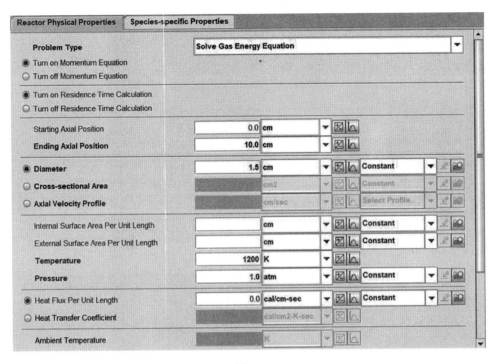

(a)

(b)

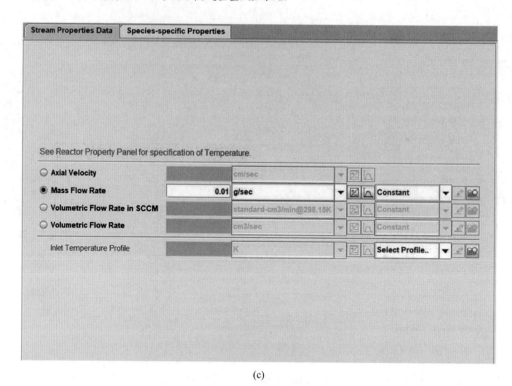

(c)

图 4-2 工况参数设置界面

（a）反应器问题设置界面；（b）催化剂表面物质设置界面；（c）气体入口类型设置界面

因此反应器的压力设置为常压（1 atm❶）。图 4-2（b）为催化剂表面物质设置界面，由于模拟选择的催化剂为 Ni 基催化剂，所有未开始反应前，表面物质均为Ni 基催化剂，因此设置初始表面物质为 Ni(s)，表面分数设置为 1。图 4-2（c）为气体入口类型设置界面，分为速度进口、质量流量进口和体积流量进口，选择的气体入口为质量流量入口，初始气体入口质量流量为 0.01 g/s。

图 4-3 为物质敏感性分析和生成速率分析设置界面。图 4-3（a）为基本设置界面，选中的设置界面分别为对所有物质的敏感性分析、温度的敏感性分析和所有物质的生成速率分析。对物质进行敏感性分析和生成速率分析，可以清楚地了解基元反应对物质的影响程度，从而对物质的生成机理进行分析。敏感性分析和生成速率为正，表示基元反应对物质有着正面影响；敏感性分析和生成速率为负，表示基元反应对物质有着负面影响。由于对所有物质都进行敏感性分析和生成速率分析所需的时间太长，对计算机性能和储存空间的要求也很大，因此可以

❶   1 atm = 101325 Pa。

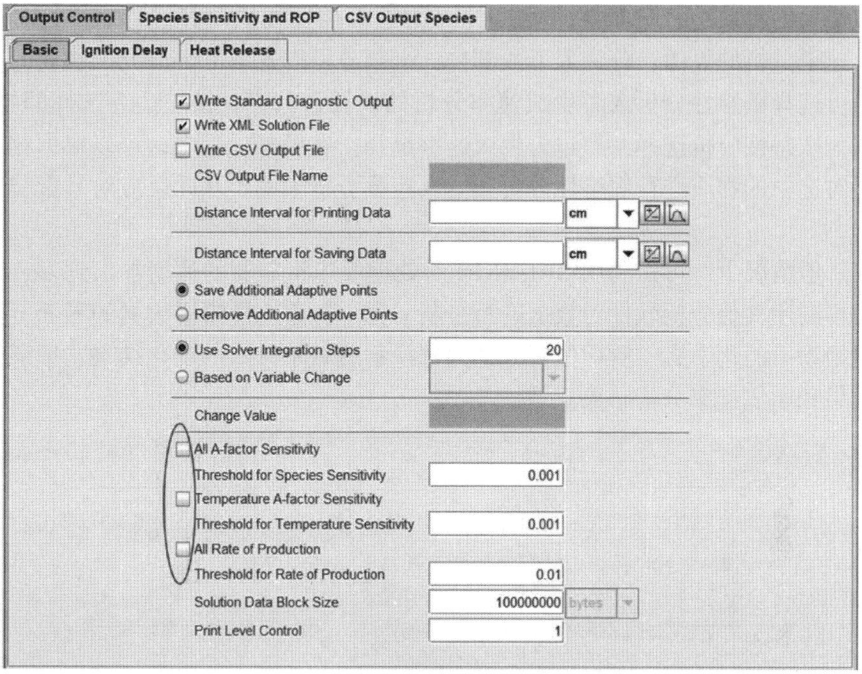

(a)

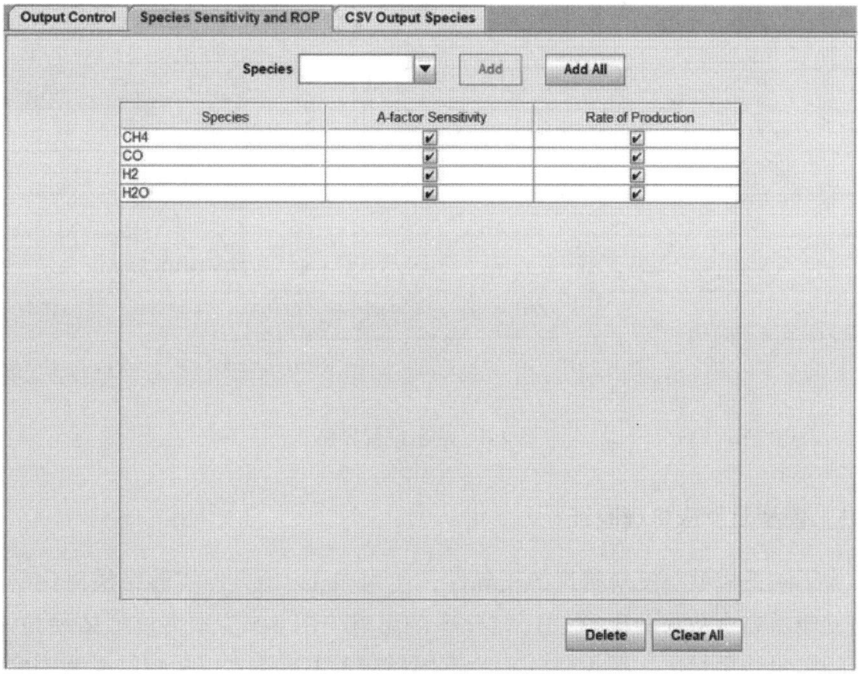

(b)

图 4-3 物质敏感性分析和生成速率分析设置界面

（a）基本设置界面；（b）敏感性分析和生成速率分析设置界面

选取需要的物质进行分析。图 4-3（b）为选择需要物质对其进行敏感性分析和生成速率分析的界面，分为上下两部分，上部分可以选取需要研究的物质，下部分是可选择敏感性分析或者生成速率分析的设置。其中，最左边为选择的物质，中间为敏感性分析选择，右边为生成速率选择。在模拟过程中，可以根据相应的设置对选中的物质进行敏感性分析和生成速率分析来确定基元反应对其影响程度大小。

一般情况下，可以利用 CHEMKIN 后处理程序将需要的数据导出到 excel 中，后续再利用其他分析软件对数据进行分析。图 4-4 为选择需要数据的界面，其中左侧为物质的化学式，所标位置分别为选择物质摩尔分数的变化结果、敏感性分析结果和生成速率分析结果。

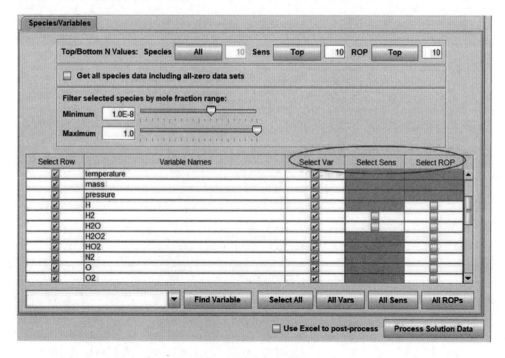

图 4-4　输出设置界面

4.1.5　模型及反应机理验证

为了验证模型与反应机理的正确性，使用 Maier 等人的实验结果对比研究了不同反应器温度和水碳比对 CH_4 转化率的影响，图 4-5 为本书模拟结果与 Maier 等人的实验结果对比。图 4-5（a）为不同反应器温度下本书模拟结果和实验结果中 CH_4 转化率的对比，计算参数为：反应器温度 900～1250 K、水碳比 2.77、压力 0.1 MPa、气体入口速度 0.056 m/s。由图 4-5（a）可知，CH_4 转化率均随反应器温度升高而升高，但本书模拟结果较实验结果偏大，有可能是因为本书模拟的条件均为理想条件，而实验过程中不可控因素较多，但本书模拟结果与实验结果趋势一致，最大误差低于10%。图4-5（b）为不同水碳比下本书模拟结果和实验结果中 CH_4 转化率的对比，计算参数为：反应器温度1020 K、水碳比1.5~4、压力0.1 MPa、气体入口速度0.056 m/s。由图4-5（b）可知，CH_4 转化率均随水碳比的增加而升高，且误差较小，在合理范围内。

综上所述，本书模拟结果和实验结果趋势一致，且误差均在合理范围内，因此本书模拟采用的模型和反应机理可用于甲烷水蒸气重整反应的进一步研究。

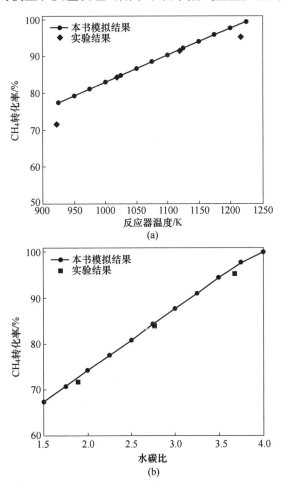

图4-5 不同反应器温度和水碳比下本书模拟结果与实验结果的对比
（a）反应器温度；（b）水碳比

甲烷水蒸气重整反应主要由三个总包反应组成，具体的反应方程式如下所示：

$$CH_4 + H_2O \longrightarrow CO + 3H_2 \qquad\qquad (4\text{-}8)$$

$$CH_4 + 2H_2O \longrightarrow CO_2 + 4H_2 \qquad\qquad (4\text{-}9)$$

$$CO + H_2O \longrightarrow CO_2 + H_2 \qquad\qquad (4\text{-}10)$$

甲烷水蒸气重整反应主要由三个总包反应组成，具体的反应方程式如上文所示。其中，反应式（4-8）为甲烷水蒸气直接重整反应，反应式（4-9）为甲烷水蒸气重整间接反应，反应式（4-10）为水汽变换反应。在化学热力学上，吉布斯自由能可作为热力学过程的方向和限度的判据，以及作为过程不可逆性大小的量度，当吉布斯自由能小于零时，化学反应可自发进行。图4-6为不同温度对甲烷水蒸气重整反应吉布斯自由能的影响，反应式（4-8）和反应式（4-9）的吉布斯自由能随温度的升高而下降，而反应式（4-10）则与之相反。这是由于反应式（4-8）和反应式（4-9）为吸热反应，而反应式（4-10）为放热反应，因此反应式（4-8）和反应式（4-9）的吉布斯自由能随温度的升高而下降，而反应式（4-10）的吉布斯自由能则随温度的升高而上升。另外，由图4-6可知，甲烷水蒸气直接重整反应、甲烷水蒸气间接重整反应和水汽变换反应的吉布斯自由能分别在900 K、850 K 和1100 K 左右时为零，证明在温度较低时，甲烷水蒸气反应主要以间接重整方式进行的，反应的同时还伴随着水汽变换反应的发生，而随着温度的升高，甲烷水蒸气重整反应主要以直接重整方式进行，水汽变换反应发生的趋势也随温度的升高而降低，所以高温更有利于甲烷水蒸气直接重整反应和甲烷水蒸气间接重整反应的发生，不利于水汽变换反应的发生。因此为了更全面地研究反应器温度对甲烷水蒸气重整反应的影响，确定反应器温度的范围为800~1200 K。

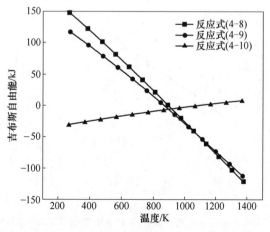

图4-6 不同温度对甲烷水蒸气重整反应吉布斯自由能的影响

甲烷水蒸气重整反应需要在高温下发生，因此反应器温度对甲烷水蒸气重整反应影响很大，但 Ni 基催化剂在高温下容易因积碳等问题而失活，从而影响催化剂的使用寿命，因此研究反应器温度对甲烷水蒸气重整反应的影响具有重要意义。图4-7为反应器温度对甲烷水蒸气重整反应中反应气体转化率（CH_4转化率和H_2O转化率）和合成气体摩尔分数（H_2摩尔分数和CO摩尔分数）的影响，计算参数为：反应器温度800~1200 K、水碳比3、气体入口质量流量0.01 g/s。由图4-7（a）可知，随着反应器温度的升高，反应气体转化率呈上升趋势，且当反应器温度在1100 K时，CH_4转化率趋于稳定，H_2O转化率的增长速率也较之前有所降低。由图4-7（b）可知，反应器温度对合成气体摩尔分数的影响规律与对反应气体转化率的影响规律相同，随反应器温度的升高而增大，且当反应器温度高于1100 K时，CO摩尔分数趋于稳定，H_2摩尔分数的增长速率也较之前有所降低。CH_4转化率和CO摩尔分数在1100 K时趋于稳定，而H_2O转化率和

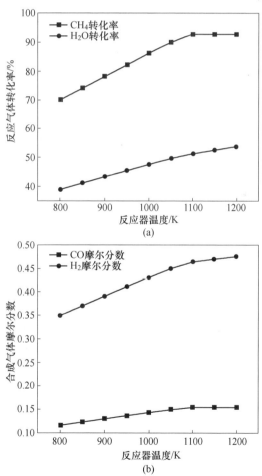

图4-7 反应器温度对反应气体转化率和合成气体摩尔分数的影响

（a）反应气体转化率；（b）合成气体摩尔分数

H_2 摩尔分数在高于 1100 K 时，虽然增长速率较之前有所下降，但仍保持上升状态，这说明 H_2 不仅来源于 CH_4 的 H 原子，还有一部分 H_2 由 H_2O 的 H 原子生成。随着反应器温度的升高，反应气体转化率和合成气体摩尔分数均明显上升，这是因为甲烷水蒸气重整反应是强吸热反应，反应器温度的升高可以促进反应的正向进行，所以随着反应器温度的升高，反应气体转化率和合成气体摩尔分数均呈上升趋势。

图 4-8 为不同反应器温度下反应气体转化率随着与反应器入口距离的变化规律。由图 4-8（a）可知，CH_4 转化率在反应器入口开始增加，随着与反应器入口距离的增加，CH_4 转化率的增加速率也随之降低，并逐渐趋于平缓；另外，在反应器出口处，当反应器温度为 800~1100 K 时，CH_4 转化率随反应器温度的增

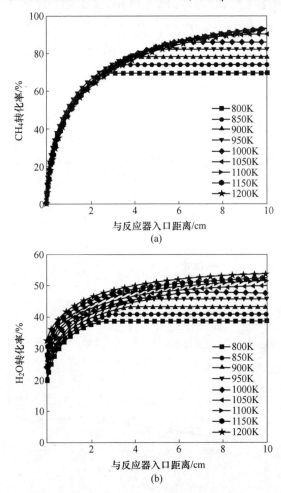

图 4-8 不同反应器温度下反应气体转化率随着与反应器入口距离的变化

（a）CH_4 转化率；（b）H_2O 转化率

加而增加，且变化较为明显，但在反应器温度高于 1100 K 时，CH_4 转化率的变化则趋于稳定。由图 4-8（b）可知，H_2O 转化率随着与反应器入口距离的变化规律与 CH_4 转化率相同，在反应器入口迅速增加，而后随着反应器入口距离的增加，H_2O 转化率也趋于平缓，这也说明在反应器入口，甲烷水蒸气重整反应最为剧烈。

图 4-9 为不同反应器温度下合成气体摩尔分数随着与反应器入口距离的变化规律。由图 4-9（a）可知，H_2 摩尔分数在反应器入口迅速增加，而后随着与反应器入口距离的增加，H_2 摩尔分数的增加速率也随之降低，并逐渐趋于平缓；另外，在甲烷水蒸气重整反应趋于平衡之后，H_2 摩尔分数随反应器温度的升高而增加。由图 4-9（b）可知，CO 摩尔分数随着与反应器入口距离的变化规律与 H_2 摩尔分数相同，在反应器入口迅速升高，而后随着与反应器入口距离的增加，CO 摩尔分数的增加速率也逐渐趋于平缓，且合成气体摩尔分数随着与反应器入口距离的变化规律与反应气体转化率相同，合成气体摩尔分数在反应器入口开始增加，且增加速率随着与反应器入口距离的增加而逐渐降低。在反应平衡后，CO 摩尔分数随反应器温度的升高而增加，反应器温度高于 1100 K 时，合成气体摩尔分数的变化趋于稳定，与 CH_4 转化率相同，这也说明 H_2 和 CO 主要是由 CH_4 转化生成的。

基于上述反应器温度对甲烷水蒸气重整的影响可知，虽然 CH_4 转化率在 1100 K 时趋于稳定，但随着反应器温度的升高，合成气体摩尔分数和 H_2O 转化率仍呈上升趋势，同时反应器温度升高会使得反应速率增大。为了更全面对甲烷水蒸气重整反应机理进行研究，因此本书将反应器温度设置为 1200 K。

除了反应器温度对甲烷水蒸气重整反应的影响较大，水碳比影响也不能忽视。由上文反应器温度对甲烷水蒸气重整反应的影响可知，合成气体主要来源于反应气体中的 CH_4，因此在甲烷水蒸气重整反应过程中，对 CH_4 转化率的研究至关重要。根据勒夏特列原理，增加反应气体浓度可以促使反应的正向进行，因此要提高 CH_4 转化率，就要增加水碳比。较高的水碳比不仅可以有效提高 CH_4 转化率，还可以减少催化剂表面积碳的形成，增加催化剂的可循环性。但是，较高的水碳比也会增加反应系统的能耗，从而降低反应效率。甲烷水蒸气重整反应在工业生产中的水碳比一般在 3~4 之间，此时对积碳的抑制能力较强，同时反应系统的能耗也较低，因此本书模拟对水碳比的研究范围为 1~5。图 4-10 为不同水碳比对反应气体转化率和合成气体摩尔分数的影响，计算参数为：反应器温度 1200 K、水碳比 1~5、气体入口质量流量 0.01 g/s。由图 4-10（a）可知，CH_4 转化率随着水碳比的增加而增加，在水碳比为 1~2 时，CH_4 转化率增加速率最高，随着水碳比的增加，CH_4 转化率的增加速率也逐渐降低，并且在水碳比为 3 时 CH_4 转化率趋于平缓；而 H_2O 转化率则与之相反，随水碳比的增加而降低，

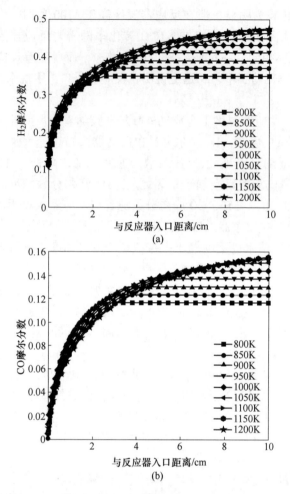

图 4-9 不同反应器温度下合成气体摩尔分数随着与反应器入口距离的变化
(a) H_2 摩尔分数；(b) CO 摩尔分数

且水碳比为 1~2 时，H_2O 转化率下降速率最大，随水碳比的增加，H_2O 转化率的下降速率也逐渐降低。由图 4-10（b）可知，H_2 和 CO 的摩尔分数均随水碳比的增加而降低，水碳比为 1~2 时，合成气体摩尔分数下降速率最慢，且随着水碳的增加，合成气体摩尔分数下降速率也逐渐增大。CH_4 转化率随水碳比的增加而增加，但合成气体摩尔分数则相反，这是因为反应器出口处的气体中不仅包含生成的合成气体，未反应的反应气体也随合成气排出反应器。甲烷水蒸气重整反应中的 H_2 和 CO 主要由 CH_4 转化而来，增加水碳比可提高 CH_4 转化率，但同时也降低了 H_2O 转化率，从而使得反应器出口处的 H_2O 摩尔分数增加。因此，随着水碳比的增加，CH_4 转化率增加，但合成气体的摩尔分数却随之降低。

图 4-11 为不同水碳比下反应气体转化率随着与反应器入口距离的变化规律。

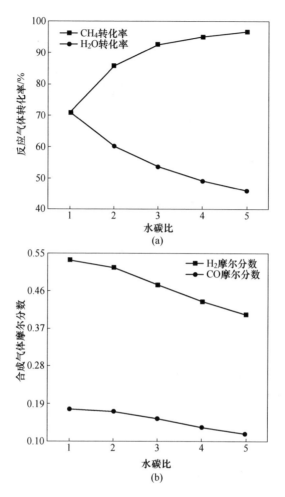

图 4-10 水碳比对反应气体转化率和合成气体摩尔分数的影响

（a）反应气体转化率；（b）合成气体摩尔分数

由图 4-11 （a）可知，CH_4 转化率在反应器入口开始增加，随着与反应器入口距离的增加，CH_4 转化率的增长速率随之降低，且逐渐趋于平缓。水碳比为 1~2时，CH_4 转化率增长速率最为明显，随着水碳比的升高，CH_4 转化率增长速率也逐渐降低，在水碳比大于 3 时，CH_4 转化率的增长速率趋于平缓。由图 4-11 （b）可知，H_2O 转化率随着与反应器入口距离的变化规律与 CH_4 转化率的变化规律相同，在反应器入口迅速增加，而后随着与反应器入口距离的增加，H_2O 转化率的增长速率也趋于稳定。但水碳比对 H_2O 转化率的影响规律与 CH_4 转化率相反，随水碳比的增加 H_2O 转化率逐渐降低，在水碳比为 1~2 时，H_2O 转化率下降速率最为明显，随着水碳比的升高，其下降速率也逐渐降低。因此水碳比的增加有利于 CH_4 转化率的增加，即增加水碳比有利于甲烷水蒸气重整反应的正向进行。

但增加水碳比使得 H_2O 转化率下降，从而增加甲烷水蒸气重整反应系统的能耗以及合成气体的生产成本，这也与文献提出的观点相同。

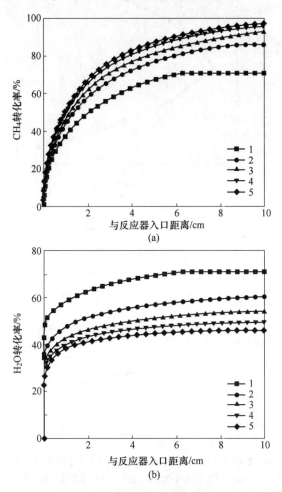

图 4-11 不同水碳比下反应气体转化率随着与反应器入口距离的变化

(a) CH_4 转化率；(b) H_2O 转化率

图 4-12 为不同水碳比下合成气体摩尔分数随着与反应器入口距离的变化规律。由图 4-12（a）可知，H_2 摩尔分数随着与反应器入口距离的变化规律与 CH_4 转化率的变化规律相同，在反应器入口迅速增加，随着与反应器入口距离的增加，H_2 摩尔分数的增加速率也随之降低，并逐渐趋于平缓。但水碳比对 H_2 摩尔分数的影响规律与 CH_4 转化率的变化规律相反，与 H_2O 转化率的变化规律相同，在甲烷水蒸气重整反应趋于平衡后，H_2 摩尔分数随水碳比的增加而降低，且达到平衡状态时与反应器入口的距离也随水碳比的增加而增加。由图 4-12（b）可知，CO 摩尔分数随着与反应器入口距离的变化规律与 H_2 摩尔分数的变化规律相

同，在反应器入口迅速增加，随着与反应器入口距离的增加，CO 摩尔分数的增加速率也逐渐降低，最后趋于平缓，并且在甲烷水蒸气重整反应趋于平衡后，CO 摩尔分数随水碳比的增加而降低。

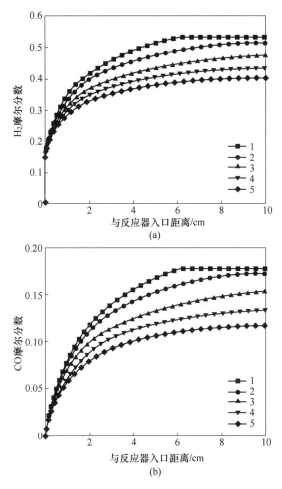

图 4-12 不同水碳比下合成气体摩尔分数随着与反应器入口距离的变化

（a）H_2 摩尔分数；（b）CO 摩尔分数

基于上述水碳比对甲烷水蒸气重整反应的影响可知，随着水碳比的增加，CH_4 转化率也随之升高，且升高速率随水碳比的增加而降低，CH_4 转化率在水碳比为 3 时趋于稳定。合成气体摩尔分数随水碳比的增加而降低，且降低速率也随水碳比的增加而增大，在水碳比为 1~2 时下降速率最低，但过低的水碳比会导致催化剂表面发生积碳现象，从而造成催化剂失活，影响催化剂在甲烷水蒸气重整反应中的使用寿命和循环次数，因此将水碳比设置为 3。

图 4-13 为不同气体入口质量流量对反应气体转化率和合成气体摩尔分数的

影响，计算参数为：反应器温度 1200 K、水碳比 3、气体入口质量流量 0.01～0.1 g/s。由图 4-13（a）可知，CH_4 转化率和 H_2O 转化率均随气体入口质量流量的增加而降低。由图 4-13（b）可知，不同气体入口质量流量对合成气体摩尔分数影响规律与反应气体转化率相同，随气体入口质量流量的增加而降低。反应气体转化率和合成气体摩尔分数随气体入口质量流量的增加而降低，这是由于气体入口质量流量的增加，导致反应气体在反应器内的滞留时间减少，使得甲烷水蒸气重整反应未能彻底反应完全，从而导致反应气体转化率和合成气体摩尔分数降低，这也与文献提出的观点相同。因此气体入口质量流量的增加可以降低甲烷水蒸气重整反应的反应速率，不利于反应的正向进行。

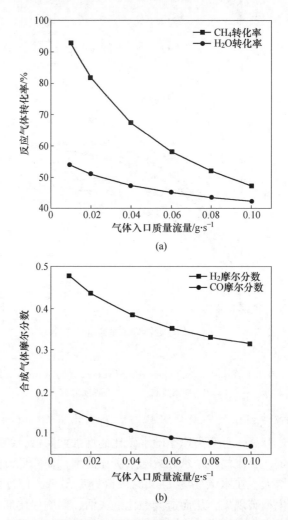

(a)

(b)

图 4-13　气体入口质量流量对反应气体转化率和合成气体摩尔分数的影响
（a）反应气体转化率；（b）合成气体摩尔分数

　　图 4-14 为不同气体入口质量流量下反应气体转化率随着与反应器入口距离的变化规律。由图 4-14（a）可知，CH_4 转化率随着与反应器入口距离的增加而增加，CH_4 转化率在反应器入口迅速增加，然后随着与反应器入口距离的增加，CH_4 转化率增加速率也逐渐降低，最后趋于平缓；且在反应趋于平衡后，CH_4 转化率随气体入口质量流量的增加而降低，气体入口质量流量在 0.01~0.04 g/s时，CH_4 转化率下降速度最快。由图 4-14（b）可知，H_2O 转化率随着与反应器入口距离的变化规律与 CH_4 转化率的相同，在反应器入口迅速增加，而后随着反应器入口距离的增加，H_2O 转化率的增加速率也逐渐趋于平缓。在反应趋于平衡后，H_2O 转化率随气体入口质量流量的增加而降低。因此气体入口质量流量的增加不利于反应气体转化率的增加，即增加气体入口质量流量不利于甲烷水蒸气重整反应的正向进行。

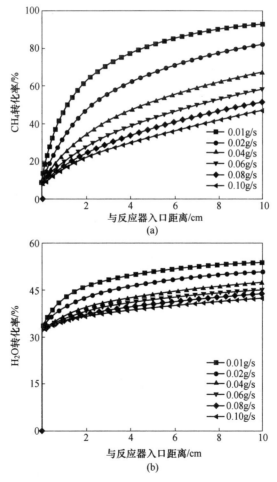

图 4-14　不同气体入口质量流量下反应气体转化率随着与反应器入口距离的变化
（a）CH_4 转化率；（b）H_2O 转化率

图 4-15 为不同气体入口质量流量下合成气体摩尔分数随着与反应器入口距离的变化规律。合成气体摩尔分数随着与反应器入口距离的变化规律与反应气体转化率的相同，在反应器入口迅速增加，随着与反应器入口距离的增加，增长速率也逐渐趋于平缓，且合成气体摩尔分数随气体入口质量流量的增加而降低，在气体入口质量流量为 0.01~0.04 g/s 时，合成气体摩尔分数下降的速率最大。

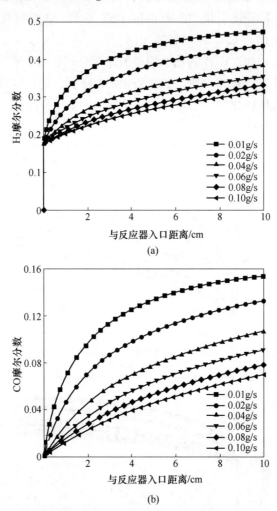

图 4-15　不同气体入口质量流量下合成气体摩尔分数随着与反应器入口距离的变化

(a) H_2 摩尔分数；(b) CO 摩尔分数

基于上述气体入口质量流量对甲烷水蒸气重整反应的影响可知，随反应气体入口质量流量的增加，反应气体转化率和合成气体摩尔分数均随之降低，这也说明气体入口质量流量的增加不利于甲烷水蒸气重整反应的正向进行。因此，将气体入口质量流量设置为 0.01 g/s。

4.2 甲烷水蒸气重整反应机理

4.2.1 敏感性分析

敏感性系数表示基元反应对分析目标的影响程度。敏感性系数越大，表示基元反应对分析目标的影响越大，敏感性系数为正，表明基元反应对分析目标有正面影响，敏感性系数为负，表明基元反应对分析目标有负面影响。其定义如下：

$$\frac{\mathrm{d}c}{\mathrm{d}t} = f(c,\ k),\ c(t_0) = c^0 \tag{4-11}$$

式中　c——组分对应的 n 维浓度向量；

　　　k——m 维反应速率向量；

　　　c^0——初始浓度。

$$\frac{\mathrm{d}}{\mathrm{d}t}\frac{\partial c}{\partial k_j} = J(t)\frac{\partial c}{\partial k_j} + \frac{\sigma f(t)}{\partial k_j} \quad (j = 1,\ \cdots,\ m) \tag{4-12}$$

式中　J——雅各比矩阵 $\left(\dfrac{\partial f}{\partial c}\right)_{m \times n}$；

　　　$\dfrac{\partial c}{\partial k_j}$——初始零向量；

　　　m——基元反应的个数。

$$S_{i,\,j} = \frac{k_j}{c_j}\frac{\partial c_i}{\partial k_j} = \frac{\partial \ln c_i}{\partial \ln k_i} \tag{4-13}$$

式中　$S_{i,\,j}$——敏感性系数。

由于不同基元反应在反应的不同时刻敏感性系数也不一致，为了更全面地找出所有对温度影响最大的反应，选取每个基元反应的最大值作为研究对象。同时，为了方便比较对甲烷水蒸气重整反应影响程度大小，将各基元反应的敏感性系数进行了标准化处理，即各基元反应的敏感性系数除以敏感性系数绝对值最大者，得到的即为标准化系数，下面对敏感性分析的研究均为标准化处理后的结果。图 4-16 为敏感性系数大于 1 的基元反应对温度的敏感性分析，由图 4-16 可知，敏感性系数大于 1 的一共有 4 个反应，分别为 H_2O 在催化剂表面的吸附反应（R11）、$H_2O(Ni)$ 在催化剂表面的解吸附反应（R12）、$H_2O(Ni)$ 在催化剂表面的解离反应（R20）以及 $O(Ni)$ 和 $H_2O(Ni)$ 在催化剂表面的反应（R22）。其中，R11 的敏感性系数的绝对值为 1，表明 R11 对温度的影响最大。R11、R20 和 R22 敏感性系数小于 0，说明这些反应对温度有负面影响，即这三个反应为吸热反应；而 R12 的敏感性系数大于 0，说明 R12 对温度有着正面影响，即 R12 为放热反应。图 4-17 为敏感性系数在 0.1~1 之间的基元反应对温度的敏感性分析。由

图 4-17 可知，OH(Ni)在催化剂表面的直接解离反应（R18）对温度的影响最大，
H_2 在催化剂表面的吸附反应（R5）、O_2 在催化剂表面的吸附反应（R7）、
O(Ni)在催化剂表面的解吸附反应（R8）、CH_4(Ni)在催化剂表面的解吸附反应
（R10）、O(Ni)和 H(Ni)在催化剂表面的反应（R17）、OH(Ni)和 H(Ni)在催化
剂表面的反应（R19）和 OH(Ni)在催化剂表面的反应（R21）对温度有正面影
响，而 H(Ni)在催化剂表面的解吸附反应（R6）、CH_4 在催化剂表面的吸附反应
（R9）、R18 和 CH_4(Ni)与 O(Ni)在催化剂表面发生的解离反应（R39）对温度有
负面影响。图 4-18 为敏感性系数在 0.001~0.1 之间的基元反应对温度的敏感性
分析。由图 4-18 可知，CH_4(Ni)在催化剂表面的直接解离反应（R31）对温度的
影响最大。CO 在催化剂表面的吸附反应（R15）、CO(Ni)在催化剂表面的氧化
反应（R25）、CO_2(Ni)在催化剂表面的解离反应（R26）、HCO(Ni)在催化剂表
面的解离反应（R29）和 CO(Ni)和 OH(Ni)在催化剂表面的反应（R52）对温度
有正面影响。而 CO(Ni)在催化剂表面的解吸附反应（R16）、CH(Ni)与 O(Ni)
在催化剂表面的氧化反应（R30）、（R31）、CH_2(Ni)在催化剂表面的解离反应
（R35）、COOH(Ni)在催化剂表面的解离反应（R49）、CO_2(Ni)与 H(Ni)在催化
剂表面的反应（R50）、COOH 在催化剂表面的解离反应（R51）对温度有负面影
响。综上所述，对温度有负面影响的基元反应数量要高于对其有正面影响的数
量，这也与甲烷水蒸气重整是强吸热反应相符合。

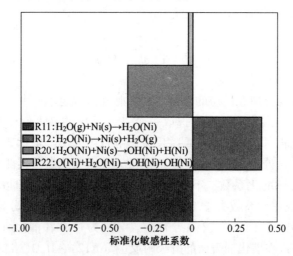

图 4-16　基元反应敏感性系数大于 1 的温度敏感性分析

　　甲烷水蒸气重整反应即 CH_4 与 H_2O 在催化剂表面发生的反应，作为主要反
应气体之一，CH_4 在重整反应中极其重要，因此对 CH_4 的敏感性进行分析有着
重要的意义。图 4-19 为敏感性系数大于 1 的基元反应对 CH_4 的敏感性分析结果。
由图 4-19 可知，有 9 个基元反应的敏感性系数大于 1，其中 R10 的敏感性系数绝

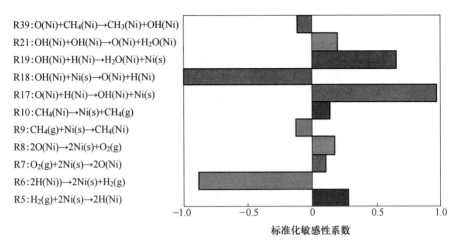

图 4-17 基元反应敏感性系数在 0.1~1 之间的温度敏感性分析

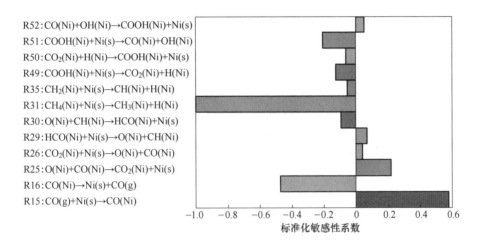

图 4-18 基元反应敏感性系数在 0.001~0.1 之间的温度敏感性分析

对值为 1，说明 R10 对 CH_4 的影响最大，另外 R5、R10、R12 和 R17 对 CH_4 有着负面影响，而 R6、R9、R11、R18 和 R39 对 CH_4 有着正面影响。图 4-20 为敏感性系数在 0.1~1 之间的基元反应对 CH_4 的敏感性分析结果。由图 4-20 可知，R20 和 R17 对 CH_4 的影响最大，另外 R8、R17、R21 对 CH_4 有着正面影响，而 R7、R20、R22 和 R31 对 CH_4 有着负面影响。图 4-21 为敏感性系数在 0.001~ 0.1 之间的基元反应对 CH_4 的敏感性分析结果。由图 4-21 可知，R16 对 CH_4 的影响最大，另外 R26、R49 和 R51 对 CH_4 有着正面影响，而 R15、R16、R25、R30、$CH_3(Ni)$ 在催化剂表面的直接解离反应（R33）、R35 和 R52 对 CH_4 有着负面影响。综上所述，对 CH_4 有负面影响的基元反应数量要高于对 CH_4 有正面影响的基元反应的数量，因此随着甲烷水蒸气重整反应的进行，CH_4 的摩尔分数会逐渐下降。

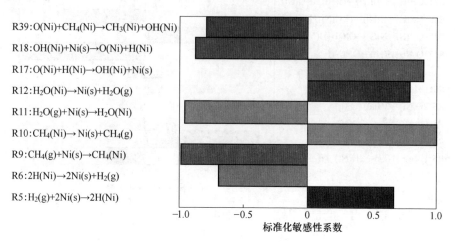

图 4-19　基元反应敏感性系数大于 1 的 CH_4 敏感性分析

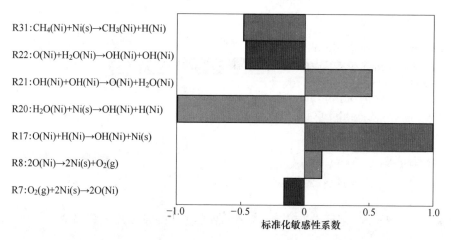

图 4-20　基元反应敏感性系数在 0.1~1 之间的 CH_4 敏感性分析

甲烷水蒸气重整反应中，另一个主要的反应气体是 H_2O，H_2O 在反应中也非常重要，因此对 H_2O 进行敏感性分析。由于对 H_2O 的敏感性分析中，所有基元反应的敏感性系数均小于 1，因此对基元反应敏感性系数大于 0.001 的 H_2O 敏感性进行分析。图 4-22 为基元反应敏感性系数在 0.1~1 之间的 H_2O 敏感性分析，由图 4-22 可知，R11 对 H_2O 的影响最大，且对 H_2O 有着负面影响，这说明 $H_2O(g)$ 在催化剂表面的吸附反应对 H_2O 的影响最大。R10、R12、R17 和 R21 对 H_2O 有着正面影响，而 R9、R11、R18 和 R20 对 H_2O 有着负面影响。图 4-23 为基元反应敏感性系数在 0.001~0.1 之间的 H_2O 敏感性分析，由图 4-23 可知，R5 对 H_2O

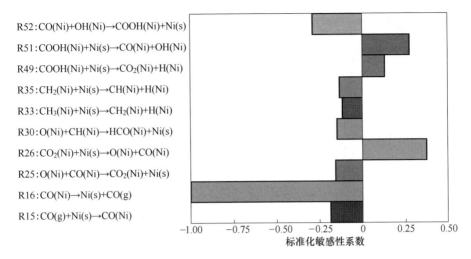

图4-21 基元反应敏感性系数在 0.001~0.1 之间的 CH_4 敏感性分析

的影响最大，且对 H_2O 有着正面影响，这说明 $H_2(g)$ 在催化剂表面的吸附反应对 H_2O 的转化有着明显的负面影响，这是因为 $H_2(g)$ 在催化剂表面的吸附反应是甲烷水蒸气重整反应的逆反应，不利于甲烷水蒸气重整反应的正向进行，因此对 H_2O 的转化有着负面影响。R5、R7、R16 和 R19 对 H_2O 有着明显的正面影响，而 R6、R15、R22、R31 和 R39 对 H_2O 有着明显的负面影响，其余基元反应对 H_2O 的影响较小。图 4-22 为对 H_2O 影响最大的基元反应，对 H_2O 有负面影响的基元反应敏感性系数要高于对其有正面影响的敏感性系数，因此随着甲烷水蒸气重整反应的进行，H_2O 的摩尔分数会逐渐下降。

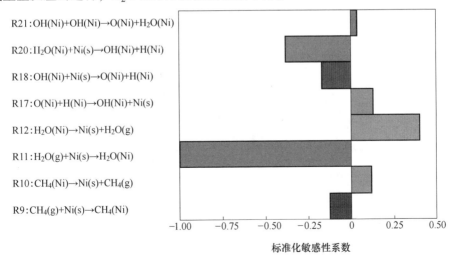

图4-22 基元反应敏感性系数在 0.1~1 之间的 H_2O 敏感性分析

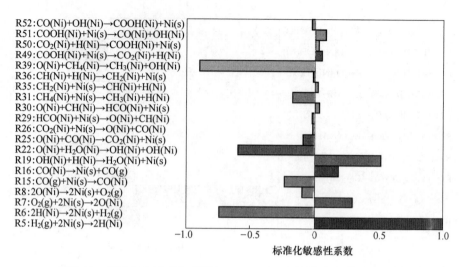

图 4-23　基元反应敏感性系数在 0.001~0.1 之间的 H_2O 敏感性分析

　　甲烷水蒸气重整反应主要生成 H_2 和 CO 合成气体，因此研究 H_2 和 CO 的敏感性对甲烷水蒸气重整反应也具有重要意义。通过对 H_2 的敏感性分析研究，发现只有 R11 的敏感性系数大于 1，且 R11 大于 0，说明 R11 对 H_2 有着最为重要的正面影响。图 4-24 为基元反应敏感性系数在 0.1~1 之间的 H_2 敏感性分析。由图 4-24 可知，R12 对 H_2 的影响最大，且对其有着负面影响，说明 $H_2O(Ni)$ 在催化剂表面的解吸附反应不利于 H_2 的生成。R6、R9、R18、R20 和 R39 对 H_2 有着正面影响，而 R5、R10、R12 和 R17 对 H_2 有着负面影响。图 4-25 为基元反应敏感性系数在 0.001~0.1 之间的 H_2 敏感性分析。由图 4-25 可知，R19 和 R22 对 H_2 的影响最大，说明 H_2O 在催化剂表面的反应对 H_2 的影响都很大。R15、R22、

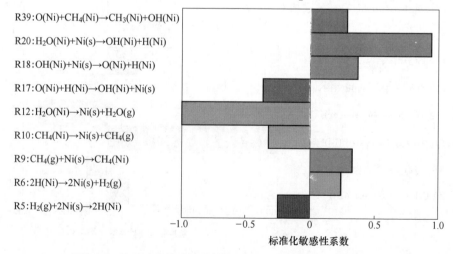

图 4-24　基元反应敏感性系数在 0.1~1 之间的 H_2 敏感性分析

R25 和 R31 对 H_2 有着明显的正面影响，而 R7、R8、R16、R19 和 R21 对 H_2 有着明显的负面影响，其余基元反应对 H_2 的影响较小。综上所述，只有 R11 的敏感性系数大于 1，且为正数，并且对 H_2 有负面影响的基元反应数量要低于对其有正面影响的数量，因此随着甲烷水蒸气重整反应的进行，H_2 的摩尔分数会逐渐上升。

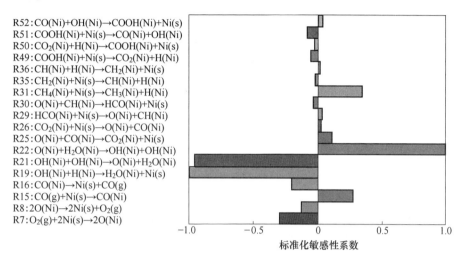

图 4-25　基元反应敏感性系数在 0.001~0.1 之间的 H_2 敏感性分析

4.2.2　CO 敏感性分析

图 4-26 为敏感性系数大于 1 的基元反应对 CO 的敏感性分析。由图 4-26 可知，有 8 个基元反应的敏感性系数大于 1，R11 的敏感性系数最大，且为正数，说明 R11 对 CO 有着最为明显的正面影响。R10、R12 和 R17 对 CO 有着负面影响，而 R9、R11、R18、R20 和 R31 对 CO 有着正面影响。图 4-27 为基元反应敏感性系数在 0.1~1 之间的 CO 敏感性分析。由图 4-27 可知，R39 对 CO 的影响最大，说明 $CH_4(Ni)$ 在催化剂表面的解离反应对 CO 的影响最大。R6、R22 和 R39 对 CO 有着正面影响，而 R5、R8、R19 和 R21 对 CO 有着负面影响。图 4-28 为敏感性系数在 0.001~0.1 之间的基元反应对 CO 的敏感性分析。由图 4-28 可知，R7 对 CO 的影响最大，R7、R16、R49 和 R51 对 CO 有着明显的正面影响，而 R15 和 R25 对 CO 有着负面影响。综上所述，对 CO 有负面影响的基元反应数量要低于对其有正面影响的数量，因此随着反应的进行，CO 的摩尔分数会逐渐上升。

4.2.3　生成速率分析

通过上面对甲烷水蒸气重整的敏感性分析结果，对敏感性系数大于 0.1 的基

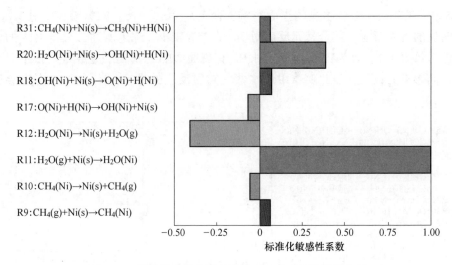

图 4-26 基元反应敏感性系数大于 1 的 CO 敏感性分析

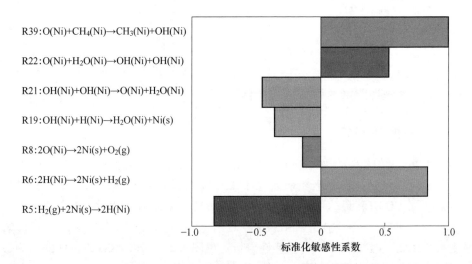

图 4-27 基元反应敏感性系数在 0.1~1 之间的 CO 敏感性分析

元反应所涉及的中间物质进行生成速率分析。具体的中间物质有：$CH_4(Ni)$、$CH_3(Ni)$、$H_2O(Ni)$、$OH(Ni)$、$O(Ni)$、$H(Ni)$。一方面，可以根据生成速率进一步找出对甲烷水蒸气重整反应影响较大的物质；另一方面，一种物质的生成必然会伴随着另一种物质的消耗，通过对主要物质的生成速率研究，可以更清晰地了解甲烷水蒸气重整反应的反应机理。生成速率的定义如下：

$$ROP = \overline{C}_{ki}^{P} = \frac{\max(v_{ki},\ 0)q_i}{\sum\limits_{i=1}^{N_{PFR}} \max(v_{ki},\ 0)q_i} \tag{4-14}$$

式中　v_{ki}——化学计量系数；

　　　q_i——基元反应的反应速率。

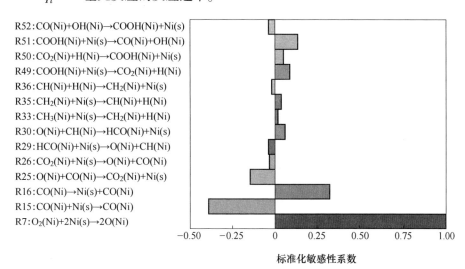

图 4-28　基元反应敏感性系数在 0.001~0.1 之间的 CO 敏感性分析

生成速率低于 10^{-5} mol/(cm^2·s) 的基元反应对甲烷水蒸气重整反应的影响较小，所以不予研究。图 4-29 为 CH$_4$(Ni)生成速率的分析结果，根据反应速率数量级不同，将其分为 2 组。图 4-29 (a) 为生成速率数量级为 10^{-2} mol/(cm^2·s) 的生成速率分析。由图 4-29 (a) 可知，生成速率数量级为 10^{-2} mol/(cm^2·s) 的基元反应有两个，分别 R9 和 R10，说明 CH$_4$ 在催化剂表面的吸附和解吸附反应分别是 CH$_4$(Ni)在催化剂表面生成速率和消耗速率最大的反应，且其绝对值在反应器入口最大，随着与反应器入口距离的增加，其绝对值也随之下降，说明 CH$_4$ 在催化剂表面的吸附和解吸附反应在反应器前端反应最为剧烈，而后随着与反应器入口距离的增加，其反应也逐渐趋于平衡，这也与上面的研究结果一致。图 4-29 (b) 为生成速率数量级 10^{-5} mol/(cm^2·s) 的生成速率分析。由图 4-29 (b) 可知，生成速率数量级为 10^{-5} mol/(cm^2·s) 的基元反应有两个，分别为 R31 和 R39，且两者的反应速率均小于零，说明 R31 和 R39 均为消耗 CH$_4$(Ni) 的反应，其反应速率的绝对值随着与反应器入口距离的变化趋势和 R9、R10 的趋势一致。由图 4-29 可知，在生成 CH$_4$(Ni) 的基元反应速率中，只有 R9 一个基元反应，消耗 CH$_4$(Ni) 的基元反应速率中，最大的为 R10，然后是 R39 和 R31。这也说明 CH$_4$ 在催化剂表面的吸附反应是整个 CH$_4$ 解离反应的基础。另外，消耗 CH$_4$(Ni) 的基元反应中，R39 的反应速率要高于 R31 的反应速率，说明 CH$_4$(Ni) 的直接解离速率要低于与 O(Ni)反应解离的速率，这也说明 O(Ni)在甲烷水蒸气重整反应中有着重要作用。

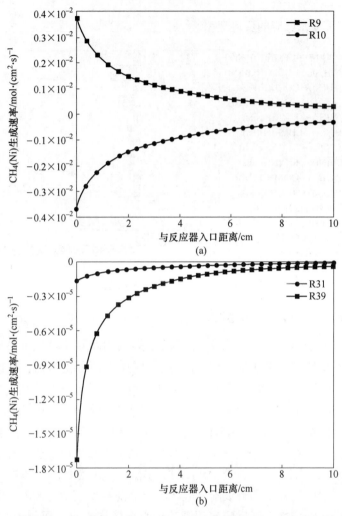

图 4-29 $CH_4(Ni)$ 生成速率分析

(a) $1×10^{-2}$ mol/$(cm^2·s)$; (b) $1×10^{-5}$ mol/$(cm^2·s)$

图 4-30 为 $CH_3(Ni)$ 生成速率的分析结果。由图 4-30 可知，在所有与 $CH_3(Ni)$ 相关的基元反应中，$CH_3(Ni)$ 生成速率高于 10^{-5} mol/$(cm^2·s)$ 的基元反应一共有 3 个，分别为 R31、R33 和 R39，其中，R31、R33 的生成速率为正，R39 的生成速率为负，且其反应速率的绝对值均在反应器入口最大，而后随着与反应器入口距离的增加而降低，说明生成 $CH_3(Ni)$ 的反应在反应器入口反应最为剧烈，而后逐渐趋于平衡。由图 4-30 可知，在生成 $CH_3(Ni)$ 的基元反应速率中，最大的为 R39，然后是 R31，说明 $CH_4(Ni)$ 在催化剂表面的解离反应主要以与 O(Ni) 发生的解离反应为主，消耗 $CH_3(Ni)$ 的基元反应速率中，只有 R33 的生成速率大于

$10^{-5} \text{ mol}/(\text{cm}^2 \cdot \text{s})$，这也说明 $CH_3(Ni)$ 的主要生成路径为 $CH_4(Ni)$ 在催化剂表面的解离反应，且直接解离反应速率要低于与 $O(Ni)$ 发生的解离反应速率，说明 $O(Ni)$ 的生成可以显著促进 $CH_4(Ni)$ 解离反应的发生，即 $O(Ni)$ 对甲烷水蒸气重整反应有着重要的作用，这也与文献的研究结果一致。

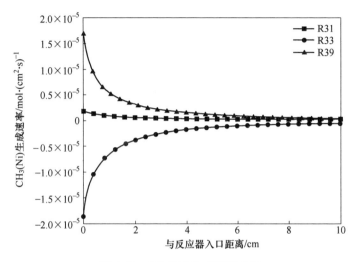

图 4-30　$CH_3(Ni)$ 生成速率分析

图 4-31 为 $H_2O(Ni)$ 生成速率的分析结果。由图 4-31 可知，在所有与 $H_2O(Ni)$ 相关的基元反应中，$H_2O(Ni)$ 生成速率大于 $10^{-5} \text{ mol}/(\text{cm}^2 \cdot \text{s})$ 的基元反应一共有 6 个，其中，R11、R19 和 R21 的生成速率为正，R12、R20 和 R22 的生成速率为负，且其反应速率的绝对值均随着与反应器入口距离的增加而降低。由图 4-31 可知，在反应器入口，R21 和 R22 分别为生成和消耗 $H_2O(Ni)$ 速率最高的基元反应，这是因为 $H_2O(Ni)$ 在催化剂表面解离为 $O(Ni)$ 和 $OH(Ni)$，而生成的 $O(Ni)$ 又与 $CH_4(Ni)$ 和 $CH_3(Ni)$ 反应生成 $OH(Ni)$，从而使得催化剂表面的 $OH(Ni)$ 增多，使得 R21 和 R22 的反应速率升高，随着反应的进行，催化剂表面的 $H(Ni)$ 增多，使得 R21 和 R22 的反应速率下降。

图 4-32 为基元反应速率大于 $0.1 \text{ mol}/(\text{cm}^2 \cdot \text{s})$ 时 $OH(Ni)$ 生成速率的分析结果。图 4-32（a）为基元反应速率大于 $1 \text{ mol}/(\text{cm}^2 \cdot \text{s})$ 时 $OH(Ni)$ 生成速率分析。由图 4-32（a）可知，只有 R17 和 R18 的反应速率为 $1 \text{ mol}/(\text{cm}^2 \cdot \text{s})$，说明 $OH(Ni)$ 在催化剂表面的解离反应及其逆反应是消耗和生成 $OH(Ni)$ 速率最大的反应。图 4-32（b）为基元反应速率在 $0.1 \sim 1 \text{ mol}/(\text{cm}^2 \cdot \text{s})$ 时 $OH(Ni)$ 生成速率分析。由图 4-32（b）可知，基元反应速率在 $0.1 \sim 1 \text{ mol}/(\text{cm}^2 \cdot \text{s})$ 之间的反应为 R19、R20、R21 和 R22，说明 $H_2O(Ni)$ 在催化剂表面的解离反应对 $OH(Ni)$ 的影响也很大。图 4-33（a）和（b）分别为基元反应速率数量级为 10^{-3}

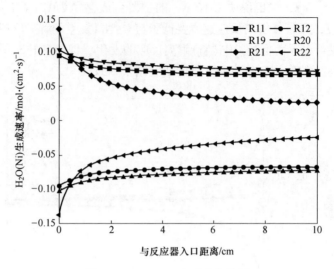

图4-31 $H_2O(Ni)$生成速率分析

$mol/(cm^2 \cdot s)$ 和 10^{-5} $mol/(cm^2 \cdot s)$ 时 $OH(Ni)$ 生成速率的分析结果。由图4-33可知，R39、R51 和 R54 的反应速率为正，R52 和 R53 的反应速率为负，且R51~R54 的反应速率绝对值随着与反应器入口距离增加而上升，这是因为随着反应的进行，催化剂表面的 $CO(Ni)$ 也随之升高，因此可以促使 R51~R54 反应的发生。R17 和 R18 的反应速率最大，这是因为 $CH_4(Ni)$ 与 $O(Ni)$ 解离反应生成速率较大，所以可以促使生成 $O(Ni)$ 的反应进行，也说明高温下 $O(Ni)$ 的主要来源是 $OH(Ni)$ 在催化剂表面的解离反应。

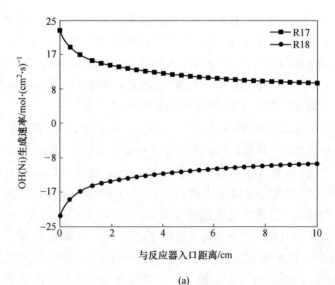

(a)

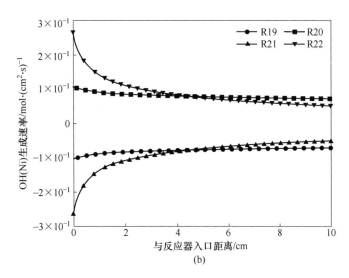

(b)

图 4-32 基元反应速率大于 0.1 mol/(cm² · s) 时 OH(Ni)生成速率分析

（a）基元反应速率大于 1 mol/(cm² · s)；（b）基元反应速率在 0.1~1 mol/(cm² · s) 之间

图 4-34 为基元反应速率大于 0.1 mol/(cm² · s) 时 O(Ni)生成速率的分析结果。图 4-34 （a） 为基元反应速率大于 1 mol/(cm² · s) 时 O(Ni)生成速率分析。由图 4-34 （a） 可知，只有 R17 和 R18 的反应速率大于 1 mol/(cm² · s)，说明 OH(Ni)在催化剂表面的解离反应及其逆反应是消耗和生成 O(Ni)速率最大的反应。图 4-34 （b） 为基元反应速率在 0.1~1 mol/(cm² · s) 之间时 O(Ni)生成速率分析。由图 4-34 （b） 可知，基元反应速率在 0.1~1 mol/(cm² · s) 之间的反应为 R21 和 R22，说明 OH(Ni)在催化剂表面的反应对 O(Ni)的影响较大。

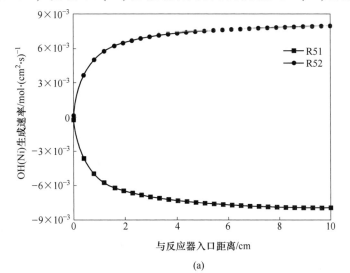

(a)

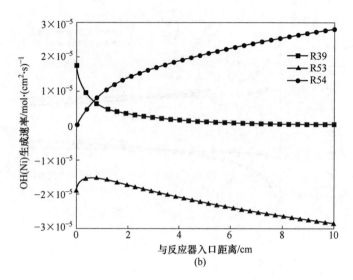

(b)

图 4-33　基元反应速率小于 0.1 mol/（cm² · s） 时 OH(Ni)生成速率分析

(a) 1×10⁻³ mol/（cm² · s）；(b) 1×10⁻⁵ mol/（cm² · s）

图 4-35 （a） 和 （b） 分别为基元反应速率数量级为 10^{-2} mol/（cm² · s） 和 10^{-5} mol/（cm² · s） 时 O(Ni)生成速率的分析结果。由图 4-35 可知，R7 和 R26 的反应速率为正，R8、R25 和 R39 的反应为负。且 R25 和 R26 的反应速率随着与反应器入口距离增加而上升，其余反应速率随着与反应器入口距离增加而下降。这是因为随着反应的进行，催化剂表面的 CO(Ni)也随之升高，因此可以促使 R25 和 R26 反应的进行。R17 和 R18 的反应速率最大，说明 O(Ni)主要由 OH(Ni)在反应中解离生成，这也与 OH(Ni)的生成速率分析结果相吻合。

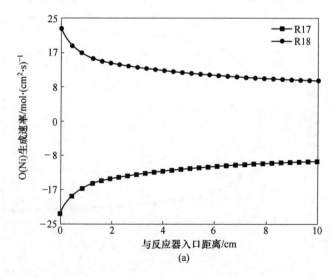

(a)

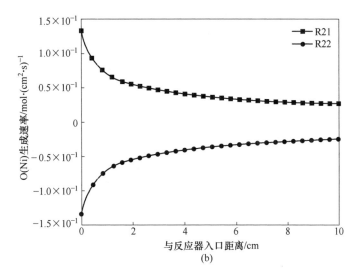

(b)

图 4-34 基元反应速率大于 0.1 mol/(cm² · s) 时 O(Ni)生成速率分析

(a) 基元反应速率大于 1 mol/(cm² · s); (b) 基元反应速率在 0.1~1 mol/(cm² · s) 之间

图 4-36 为基元反应速率大于 0.1 mol/(cm² · s) 时 H(Ni)生成速率的分析结果。图 4-36 (a) 为基元反应速率大于 1 mol/(cm² · s) 时 H(Ni)生成速率分析。由图 4-36 (a) 可知, 只有 R17 和 R18 的反应速率大于 1 mol/(cm² · s)。图 4-36 (b) 为基元反应速率在 0.1~1 mol/(cm² · s) 之间时 H(Ni)生成速率分析。由图 4-36 (b) 可知, 基元反应速率在 0.1 ~ 1 mol/(cm² · s) 之间的反应为 R5、R6、R19 和 R20。图 4-37 (a) 和 (b) 分别为基元反应速率数量级为 10^{-4} mol/(cm² · s) 和 10^{-5} mol/(cm² · s) 时 O(Ni)生成速率的分析结果。由图 4-37 可知, R27、R33、

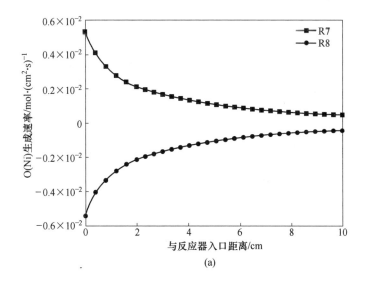

(a)

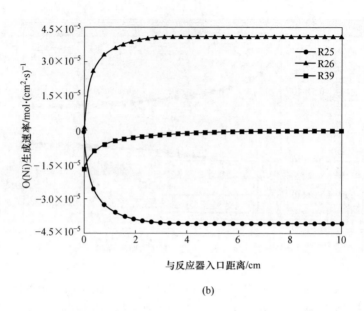

(b)

图 4-35   基元反应速率小于 0.1 mol/(cm² · s) 时 O(Ni)生成速率分析

(a) 1×10⁻² mol/(cm² · s)；(b) 1×10⁻⁵ mol/(cm² · s)

R35、R37、R49 和 R53 的反应速率为正，R28、R36、R50 和 R54 的反应速率为负。且 R5、R6、R27、R28、R49、R50、R53 和 R54 的反应速率随着与反应器入口距离增加而上升，其余反应速率随着与反应器入口距离增加而下降。这是因为随着反应的进行，催化剂表面的 H(Ni)、CO(Ni) 和 COOH(Ni) 也随之升高，因此可以促使与这些中间物质相关反应的进行。

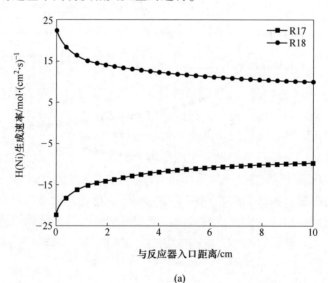

(a)

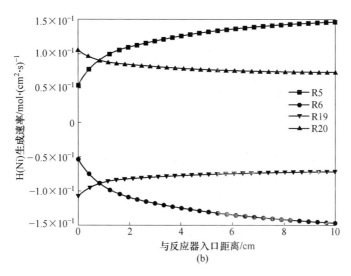

(b)

图 4-36　基元反应速率大于 0.1 mol/(cm² · s) 时 H(Ni)生成速率分析

(a) 基元反应速率大于 1 mol/(cm² · s)；(b) 基元反应速率在 0.1~1 mol/(cm² · s) 之间

图 4-38 为 CO(Ni)生成速率的分析结果。图 4-38 (a) 为基元反应速率数量级为 10^{-2} mol/(cm² · s) 时 CO(Ni)生成速率的分析结果。由图 4-38 (a) 可知，基元反应速率数量级为 10^{-2} mol/(cm² · s) 的反应一共有 4 个，分别为 R15、R16、R51 和 R52，其中 R15 和 R51 的反应速率为正，R16 和 R52 的反应速率为负，且 R15 和 R16 的反应速率最大，说明 CO(Ni)的吸附和解吸附也是对 CO(s) 影响最大的反应。图 4-38 (b) 为基元反应速率数量级为 10^{-5} mol/(cm² · s) 时 CO(Ni)生成速率的分析结果。由图 4-38 (b) 可知，基元反应速率数量级为

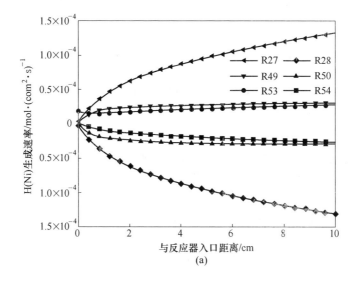

(a)

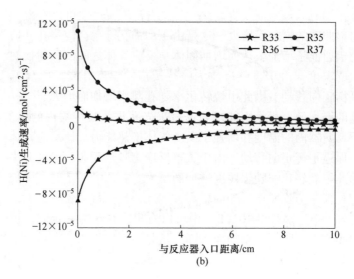

图 4-37   基元反应速率小于 0.1 mol/(cm² · s) 时 H(Ni)生成速率分析

(a) 1×10⁻⁴ mol/(cm² · s)；(b) 1×10⁻⁵ mol/(cm² · s)

10^{-5} mol/(cm² · s) 的反应一共有 6 个，其中 R26、R27 和 R53 的反应速率为正，R25、R28 和 R54 的反应速率为负。另外由图 4-37 可知，所有基元反应速率均随着与反应器入口距离增加而上升，这说明随着反应的进行，吸附态的中间物质如 COOH(Ni)、HCO(Ni)等逐渐生成，从而可以促使这些反应的发生。

4.2.4   反应机理分析

反应机理分析通过 CHEMKIN 软件中的"Reaction Path Analyzer"实现。在反应机理分析图中，两个相关物种代表了产物和反应物之间的联系。根据上面的研究发现，$CH_4(Ni)$、$CH_3(Ni)$、$H_2O(Ni)$、OH(Ni)、H(Ni)、O(Ni)、CO(Ni)对甲烷水蒸气重整的影响较大。因此利用反应路径分析仪对这些物质进行分析。根据分析可知，甲烷水蒸气重整反应机理可分为三个过程：$CH_4(g)$在催化剂表面的反应机理、$H_2O(g)$在催化剂表面的反应机理和 CO(g)在催化剂表面的生成机理。

4.2.4.1 $CH_4(g)$ 在催化剂表面的反应机理

图 4-39 为 $CH_4(g)$ 在催化剂表面的反应机理分析图。由图 4-39 可知，$CH_4(g)$在催化剂表面主要发生脱氢反应。$CH_4(g)$在催化剂表面的反应机理主要包括以下几个过程：首先吸附在催化剂表面生成 $CH_4(Ni)$，$CH_4(Ni)$再与 O(Ni)在催化剂表面发生解离反应或者 $CH_4(Ni)$发生直接解离反应生成 $CH_3(Ni)$、OH(Ni)和 H(Ni)，$CH_3(Ni)$在催化剂表面发生直接解离反应生成 $CH_2(Ni)$，$CH_2(Ni)$在催化剂表面发生直接解离反应生成 CH(Ni)，CH(Ni)在催化剂表面发

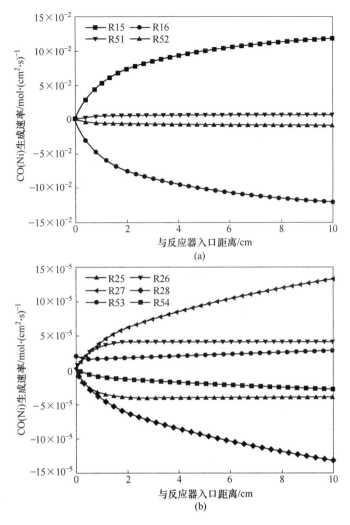

图 4-38 CO(Ni)生成速率分析

(a) 1×10^{-2} mol/(cm$^2 \cdot$ s)；(b) 1×10^{-5} mol/(cm$^2 \cdot$ s)

生直接解离反应生成 C(Ni)。H(Ni) 在 CH$_4$(g) 的反应机理中有两个生成路径：一个是 CH$_4$(g) 吸附在催化剂表面而后发生的脱氢反应；另一个是 OH(Ni) 在催化剂表面发生的解离反应。最后 H(Ni) 发生解吸附反应生成 H$_2$(g)。

综上所述，CH$_4$(g) 在催化剂表面的反应机理如下所示：CH$_4$(g)→CH$_4$(Ni)→CH$_3$(Ni)→CH$_2$(Ni)→CH(Ni)→C(Ni)。CH$_4$(g) 反应机理涉及的主要反应如下所示：

R5： $$H_2(g) + 2Ni(s) \longrightarrow 2H(Ni)$$

R6： $$2H(Ni) \longrightarrow 2Ni(s) + H_2(g)$$

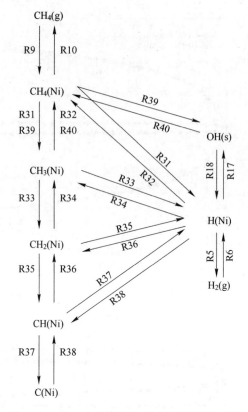

图 4-39　$CH_4(g)$ 在催化剂表面的反应机理分析

R9：	$CH_4(g) + Ni(s) \longrightarrow CH_4(Ni)$
R10：	$CH_4(Ni) \longrightarrow Ni(s) + CH_4(g)$
R17：	$O(Ni) + H(Ni) \longrightarrow OH(Ni) + Ni(s)$
R18：	$OH(Ni) + Ni(s) \longrightarrow O(Ni) + H(Ni)$
R31：	$CH_4(Ni) + Ni(s) \longrightarrow CH_3(Ni) + H(Ni)$
R32：	$CH_3(Ni) + H(Ni) \longrightarrow CH_4(Ni) + Ni(s)$
R33：	$CH_3(Ni) + Ni(s) \longrightarrow CH_2(Ni) + H(Ni)$
R34：	$CH_2(Ni) + H(Ni) \longrightarrow CH_3(Ni) + Ni(s)$
R35：	$CH_2(Ni) + Ni(s) \longrightarrow CH(Ni) + H(s)$
R36：	$CH(Ni) + H(Ni) \longrightarrow CH_2(Ni) + Ni(s)$
R37：	$CH(Ni) + Ni(s) \longrightarrow C(Ni) + H(Ni)$
R38：	$C(Ni) + H(Ni) \longrightarrow CH(Ni) + Ni(s)$
R39：	$O(Ni) + CH_4(Ni) \longrightarrow CH_3(Ni) + OH(Ni)$
R40：	$CH_3(Ni) + OH(Ni) \longrightarrow O(Ni) + CH_4(Ni)$

4.2.4.2 H₂O(g) 在催化剂表面的反应机理

图 4-40 为 H₂O(g)在催化剂表面的反应机理分析。由图 4-40 可知，H₂O(g)在催化剂表面的反应机理主要包括以下几个过程：H₂O(g)吸附在催化剂表面生成 H₂O(Ni)；H₂O(Ni)在催化剂表面发生解离反应生成 OH(Ni)和 H(Ni)；OH(Ni)在催化剂表面发生解离反应生成 H(Ni)。H(Ni)在 H₂O(g)的反应机理中有两个生成路径：一个是 H₂O(g)吸附在催化剂表面而后发生的解离反应；另一个是 OH(Ni)在催化剂表面发生的解离反应。

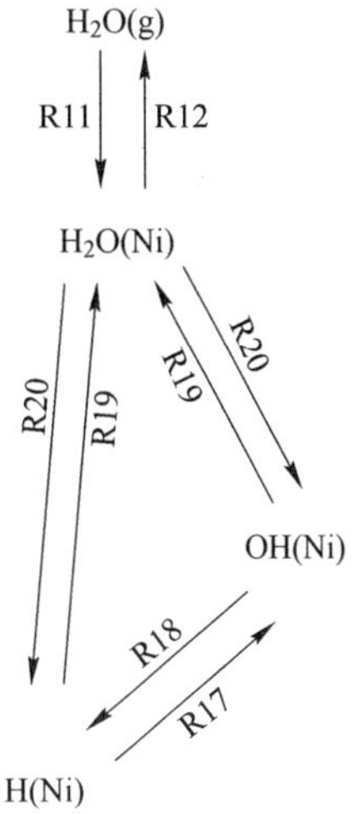

综上所述，H₂O(g)在催化剂表面的反应机理如下所示：H₂O(g)→H₂O(Ni)→OH(Ni)→H(Ni)。H₂O(g)反应机理涉及的主要反应如下所示：

R11：   H₂O+Ni(s)⟶H₂O(Ni)

R12：   H₂O(Ni)⟶Ni(s)+H₂O

R17： O(Ni)+H(Ni)⟶OH(Ni)+Ni(s)

R18： OH(Ni)+Ni(s)⟶O(Ni)+H(Ni)

R19：OH(Ni)+H(Ni)⟶H₂O(Ni)+Ni(s)

R20：H₂O(Ni)+Ni(s)⟶OH(Ni)+H(Ni)

图 4-40　H₂O(g)在催化剂表面的反应机理分析

4.2.4.3 CO(g) 在催化剂表面的生成机理

图 4-41 为 CO(g)在催化剂表面的生成机理分析。由图 4-41 可知，CO(g)是由 CO(Ni)在催化剂表面发生解吸附反应生成的，其主要过程有：C(Ni)在催化剂表面与 O(Ni)或 OH(Ni)发生的反应；HCO(Ni)在催化剂表面的解离反应和 COOH(Ni)在催化剂表面的解离反应。

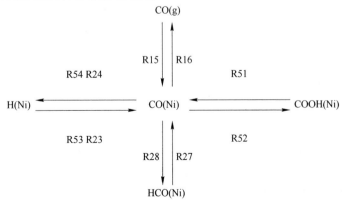

图 4-41　CO(g)在催化剂表面的生成机理分析

　　综上所述，CO(g)在催化剂表面主要有三个生成路径，其生成机理分别可表示为：C(Ni)→CO(Ni)→CO(g)、HCO(Ni)→CO(Ni)→CO(g)和COOH(Ni)→CO(Ni)→CO(g)。CO(g)生成机理涉及的主要反应如下：

R15：$\qquad$ $CO(g)+Ni(s)\longrightarrow CO(Ni)$

R16：$\qquad$ $CO(Ni)\longrightarrow Ni(s)+CO(g)$

R23：$\qquad$ $O(Ni)+C(Ni)\longrightarrow CO(Ni)+Ni(s)$

R24：$\qquad$ $CO(Ni)+Ni(s)\longrightarrow O(Ni)+C(Ni)$

R27：$\qquad$ $HCO(Ni)+Ni(s)\longrightarrow CO(Ni)+H(Ni)$

R28：$\qquad$ $CO(Ni)+H(Ni)\longrightarrow HCO(Ni)+Ni(s)$

R51：$\qquad$ $COOH(Ni)+Ni(s)\longrightarrow CO(Ni)+OH(Ni)$

R52：$\qquad$ $CO(Ni)+OH(Ni)\longrightarrow COOH(Ni)+Ni(s)$

R53：$\qquad$ $C(Ni)+OH(Ni)\longrightarrow CO(Ni)+H(Ni)$

R54：$\qquad$ $CO(Ni)+H(Ni)\longrightarrow C(Ni)+OH(Ni)$

4.3　甲烷水蒸气重整反应机理简化

4.3.1　反应机理简化的意义

　　反应机理简化是指通过合理的方法，去除对反应过程影响比较小的组分和基元反应，从而在不影响计算精度的前提下对反应机理进行简化。本书对甲烷水蒸气重整反应机理的简化是基于 Reaction Workbench 软件进行的。Reaction Workbench 软件主要包括直接关系图法、基于误差传播的直接关系图法、基于反应路径分析的直接关系图法和全物质敏感性分析法等简化方法。首先通过分析不同机理简化方法的优缺点，选择合适的简化方法；然后基于上述研究的工况参数和主要物质，对甲烷水蒸气重整的反应机理进行简化研究；最后将简化反应机理结果和详细反应机理结果中 CH_4 转化率、H_2O 转化率、反应器出口处 H_2 和 CO 摩尔分数进行对比，验证简化反应机理的正确性及其适用范围。

　　化学反应是对反应机理的研究基础，化学反应分为基元反应和复杂反应，基元反应又称简单反应，是指由分子、原子等反应微粒一步反应生成产物的反应，而复杂反应是指不能由一个基元反应得到产物，需要由多个基元反应共同参与的反应。甲烷水蒸气重整反应是一个复杂反应，详细的甲烷水蒸气重整反应包含了整个重整反应涉及的组分和基元反应，能够详细描述重整过程的特性和现象，预测反应物的消耗情况和产物的生成情况，也可以判断甲烷水蒸气重整反应的主要反应路径，是对甲烷水蒸气重整反应研究的一个重要依据。

　　虽然利用详细反应机理能够全面详细地描述反应的特性，但详细反应机理太过复杂，使得数值模拟的时间和存储空间大量地增加。目前，利用模拟软件模拟甲烷水蒸气重整反应通常仅采用三步总包反应机理或者包含十步左右基元反应的最大简化反应机理，但这种反应机理仅能描述反应物和产物的消耗和生成情况，并不能判断中间产物对反应的影响，也不能对主要的反应路径进行分析。利用详细反应机理进行模拟计算，各种基元反应速率的差别很大，有的基元反应速率高，耗时短，求解这些基元反应所用的微分方程所用时间少；而有的基元反应速率低，耗时长，求解这些基元反应所用的微分方程所用时间长，因此这就会导致微分方程难以求解的问题，即计算的刚性问题。此外，受计算机内存和计算速度的影响，直接应用详细的反应机理模拟甲烷水蒸气重整反应现象是比较困难的，所以在利用模拟软件对甲烷水蒸气重整反应进行模拟计算时，为了能够得到可靠、稳定的模拟结果，同时考虑中间物质对反应的影响，就需要对详细反应机理进行简化，从而降低模拟计算的难度和时间，提高模拟计算的效率。

4.3.2　反应机理简化方法的选取

利用 Reaction Workbench 对反应机理简化有多种方法，国内外学者对反应机理的简化方法进行了大量的研究，目前对反应机理简化主要有直接关系图法（directed relation graph）、基于误差传播的直接关系图法（error propagation extension to directed relation graph）、基于反应路径分析的直接关系图法（directed relation graph method with path flux analysis）、全物质敏感性分析法（full species sensitivity analysis）等方法。每种简化方法的原理均不一样，因此选择合适的反应机理对最后的简化机理具有重要影响。Reaction Workbench 对反应机埋简化的流程如图 4-42 所示，首先在 CHEMKIN 软件中将反应机理和反应器耦合，设置边界条件和工况参数，基础条件设置好之后转去 Reaction Workbench 中选择合适的简化方法，选择主要物质并定义误差；然后开始计算，在计算过程中，当简化反应机理和详细反应机理之间的误差大于定义的误差时，代表此种物质或者基元反应不能去除，计算失败，当简化反应机理和详细反应机理的误差小于定义的误差时，代表此种物质或者基元反应可以去除，计算成功。

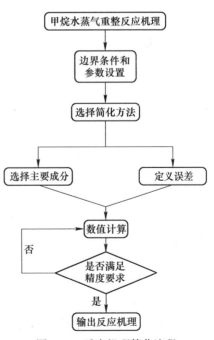

图 4-42　反应机理简化流程

直接关系图法通过计算来判断各个物质之间的关系，根据设定的误差来区分不同物质的重要程度，确定关键反应和次要反应，最后删除对关键反应影响不大的基元反应。因其计算时间短，精度高，所以常用于复杂反应机理简化。各物质之间的关系是由关联系数来判断的，例如 A 和 B 之间的关联系数 r_{AB} 可表示为：

$$r_{AB} = \frac{\sum_{i=1, I} |v_{A, i} \omega_i \delta_{B, i}|}{\sum_{i=1, I} |v_{A, i} \omega_i|} \tag{4-15}$$

式中   A——A 物质；

      B——B 物质；

      i——机理的第 i 个反应；

    $v_{A, i}$——物质 A 在第 i 个反应的化学计量系数；

     ω_i——第 i 个反应的反应速率；

    分母——机理中所有反应物对 A 物质的绝对贡献率；

    分子——由 B 反应所产生的贡献率。

$$\delta_{B, i} = \begin{cases} 1, & \text{如果第 } i \text{ 个反应包括物质 B} \\ 0, & \text{如果第 } i \text{ 个反应不包括物质 B} \end{cases} \tag{4-16}$$

基于误差传播的直接关系图法根据选定物质，通过计算筛选所有对选定物质有直接或间接影响的基元反应，能够有效地减小反应机理简化的误差。基于反应路径分析的直接关系图法是由 Sun 等人首先提出的，通过分析反应路径中每种物质的形成和消耗量来确定重要的反应路径和相关物质，相对于直接关系图法和基于误差传播的直接关系图法，基于反应路径分析的直接关系图法同时考虑了物质 A 的生成和消耗通量，所以其更精确。只有在物质 A 和 B 同时参与同一个基元反应时，直接关系图法才能通过 r_{AB} 计算其关联系数，因此只能描述物质 A 和 B 两者之间的耦合影响。但这种方法不够全面，由于物质 C 还有可能通过物质 B 对物质 A 产生间接影响，因此不能简单地根据直接关系图法将其他取值省略。根据这种情况，提出了基于误差传播的直接关系图法，该法通过 $R_A(B)$ 来计算所有对 A 产生直接或间接影响的物质，其定义为：

$$R_A(B) = \max_S(r_{ij}) \tag{4-17}$$

式中 S——物质 A 到 B 所有可能路径；

    r_{ij}——物质 A 到 B 给定路径的直接误差。

基于误差传播的直接关系图法虽然比直接关系图法误差更小，考虑也比直接关系图法更为全面，但其只考虑了选择物质的直接关系和第一代关系，但第二代关系乃至更高的几代关系仍有可能对甲烷水蒸气重整反应机理有比较明显的影响。基于反应路径通量的直接关系图法可以对选择物质更高的几代关系进行研究，并且基于反应路径通量的直接关系图法不是通过生成速率来判断物质之间的关联程度大小，而是通过判断物质的生成和消耗通量来识别重要的反应路径。物质 A 的生成和消耗通量方程如下：

$$P_A = \sum_{i=1,\,I} \max(v_{A,\,i}\omega_i,\,0) \tag{4-18}$$

$$C_A = \sum_{i=1,\,I} \max(-v_{A,\,i}\omega_i,\,0) \tag{4-19}$$

式中　P_A——物质 A 的生成通量；

C_A——物质 A 的消耗通量。

$$P_{AB} = \sum_{i=1,\,I} \max(v_{A,\,i}\omega_i\delta_{B,\,i},\,0) \tag{4-20}$$

$$C_{AB} = \sum_{i=1,\,I} \max(-v_{A,\,i}\omega_i\delta_{B,\,i},\,0) \tag{4-21}$$

式中　P_{AB}——由于物质 B 而导致物质 A 的生成通量；

C_{AB}——由于物质 B 而导致物质 A 的消耗通量。

全物质敏感性分析法可以更深入地了解各基元反应对选定物质的影响。该法通过计算各基元反应对所选取目标参数的敏感程度，以确定重要的化学基元反应，去除敏感度较小的组分和反应，从而简化反应机理。其最大优点是可以详细研究反应机理中组分等因素对甲烷水蒸气重整反应的影响，对详细反应机理的组分和基元反应进行有依据性的取舍，完成反应机理的简化。全物质敏感性分析法通过计算去除物质所引起的误差来判断是否去除此物质。若误差大于设定的误差，则保留此物质，若误差小于设定的误差，则去掉此物质。其定义为：

$$\delta_S = |\delta_{S,\,ind} - \delta_{S,\,kel}| \tag{4-22}$$

式中　$\delta_{S,\,ind}$——移除物质之后的误差；

$\delta_{S,\,kel}$——未移除物质的误差。

但全物质敏感性分析法由于要对甲烷水蒸气重整反应中的所有物质进行计算，所以其简化过程比较复杂，计算时间过长，对计算机要求较高，因此详细反应机理的简化过程中应用较少。一般都是其他简化方法不能有效降低反应机理时，全物质敏感性分析法作为最后的简化方法对其进行简化。

4.3.3 反应机理简化

通过上节对机理简化方法的比较，选取基于反应路径通量的直接关系图法对甲烷水蒸气重整表面反应机理进行简化。本书采用 CHEMKIN 的 PFR 反应器对甲烷水蒸气重整反应机理进行简化，计算工况设置为：反应器温度 800~1200 K、水碳比 1~5，入口气体质量流量 0.01~0.1 g/s，绝对误差和相对误差均设置为 10%。在简化过程中，将 CH_4、$CH_4(Ni)$、H_2O、$H_2O(Ni)$、H_2、CO、$CO(Ni)$、$H(Ni)$、$OH(Ni)$、$O(Ni)$ 和 $Ni(s)$ 设置为主要成分。简化之后的结果见表 4-2，包含 17 种组分和 44 步反应。

表 4-2　44 步简化反应机理

序号	反　　应	指前因子 /cm^2 · (mol · s)$^{-1}$	温度系数	活化能 /kJ · mol^{-1}
1	$H_2(g) + 2Ni(s) \rightarrow 2H(Ni)$	3.00×10^{-2}	0.0	5.0
2	$2H(Ni) \rightarrow 2Ni(s) + H_2(g)$	$2.54 \times 10^{+20}$	0.0	95.2
3	$O_2(g) + 2Ni(s) \rightarrow 2O(Ni)$	4.36×10^{-2}	-0.2	1.5
4	$2O(Ni) \rightarrow 2Ni(s) + O_2(g)$	$1.19 \times 10^{+21}$	0.8	468.9
5	$CH_4(g) + Ni(s) \rightarrow CH_4(Ni)$	8.00×10^{-3}	0.0	0.0
6	$CH_4(Ni) \rightarrow Ni(s) + CH_4(g)$	$8.70 \times 10^{+15}$	0.0	37.5
7	$H_2O(g) + Ni(s) \rightarrow H_2O(Ni)$	1.00×10^{-1}	0.0	0.0
8	$H_2O(Ni) \rightarrow Ni(s) + H_2O(g)$	$3.73 \times 10^{+12}$	0.0	60.8
9	$CO(g) + Ni(s) \rightarrow CO(Ni)$	5.00×10^{-1}	0.0	0.0
10	$CO(Ni) \rightarrow Ni(s) + CO(g)$	$3.57 \times 10^{+11}$	0.0	111.3
11	$O(Ni) + H(Ni) \rightarrow OH(Ni) + Ni(s)$	$3.95 \times 10^{+23}$	-0.2	104.3
12	$OH(Ni) + Ni(s) \rightarrow O(Ni) + H(Ni)$	$2.25 \times 10^{+20}$	0.2	29.6
13	$OH(Ni) + H(Ni) \rightarrow H_2O(Ni) + Ni(s)$	$1.85 \times 10^{+20}$	0.1	41.5
14	$H_2O(Ni) + Ni(s) \rightarrow OH(Ni) + H(Ni)$	$3.67 \times 10^{+21}$	-0.1	92.9
15	$OH(Ni) + OH(Ni) \rightarrow O(Ni) + H_2O(Ni)$	$2.35 \times 10^{+20}$	0.3	92.4
16	$O(Ni) + H_2O(Ni) \rightarrow OH(Ni) + OH(Ni)$	$8.15 \times 10^{+24}$	-0.3	218.5
17	$O(Ni) + C(Ni) \rightarrow CO(Ni) + Ni(Ni)$	$3.40 \times 10^{+23}$	0.0	148.0
18	$CO(Ni) + Ni(s) \rightarrow O(Ni) + C(Ni)$	$1.76 \times 10^{+13}$	0.0	116.2
19	$CH_4(Ni) + Ni(s) \rightarrow CH_3(Ni) + H(Ni)$	$1.55 \times 10^{+21}$	0.1	55.8
20	$CH_3(Ni) + H(Ni) \rightarrow CH_4(Ni) + Ni(s)$	$1.44 \times 10^{+22}$	-0.1	63.5
21	$CH_3(Ni) + Ni(s) \rightarrow CH_2(Ni) + H(Ni)$	$1.55 \times 10^{+24}$	0.1	98.1
22	$CH_2(Ni) + H(Ni) \rightarrow CH_3(Ni) + Ni(s)$	$3.09 \times 10^{+23}$	-0.1	57.2
23	$CH_2(Ni) + Ni(s) \rightarrow CH(Ni) + H(Ni)$	$3.70 \times 10^{+24}$	0.1	95.2
24	$CH(Ni) + H(s) \rightarrow CH_2(Ni) + Ni(s)$	$9.77 \times 10^{+24}$	-0.1	81.1
25	$CH(Ni) + Ni(s) \rightarrow C(Ni) + H(Ni)$	$9.89 \times 10^{+20}$	0.5	22.0
26	$C(Ni) + H(Ni) \rightarrow CH(Ni) + Ni(s)$	$1.71 \times 10^{+24}$	-0.5	157.9
27	$O(Ni) + CH_4(Ni) \rightarrow CH_3(Ni) + OH(Ni)$	$5.62 \times 10^{+24}$	-0.1	87.9
28	$CH_3(Ni) + OH(Ni) \rightarrow O(Ni) + CH_4(Ni)$	$2.99 \times 10^{+22}$	0.1	25.8

序号	反　　应	指前因子 /cm² · (mol · s)⁻¹	温度系数	活化能 /kJ · mol⁻¹
29	$O(Ni)+CH_3(Ni) \rightarrow CH_2(Ni)+OH(Ni)$	$1.22\times10^{+25}$	-0.1	130.7
30	$CH_2(Ni)+OH(Ni) \rightarrow O(Ni)+CH_3(Ni)$	$1.39\times10^{+21}$	0.1	19.0
31	$O(Ni)+CH_2(Ni) \rightarrow CH(Ni)+OH(Ni)$	$1.22\times10^{+25}$	-0.1	131.4
32	$CH(Ni)+OH(Ni) \rightarrow O(Ni)+CH_2(Ni)$	$4.41\times10^{+22}$	0.1	42.5
33	$O(Ni)+CH(Ni) \rightarrow C(Ni)+OH(Ni)$	$2.47\times10^{+21}$	0.3	57.7
34	$C(Ni)+OH(Ni) \rightarrow O(Ni)+CH(Ni)$	$2.43\times10^{+21}$	-0.3	119.0
35	$C(Ni)+OH(Ni) \rightarrow CO(Ni)+H(Ni)$	$3.89\times10^{+25}$	0.2	62.6
36	$CO(Ni)+H(Ni) \rightarrow C(Ni)+OH(Ni)$	$3.52\times10^{+18}$	-0.2	105.5
37	$2CO(Ni) \rightarrow C(Ni)+CO_2(Ni)$	$1.62\times10^{+14}$	0.5	241.8
38	$CO_2(Ni)+C(Ni) \rightarrow 2CO(Ni)$	$7.29\times10^{+28}$	-0.5	239.2
39	$CO(Ni)+O(Ni) \rightarrow CO_2(Ni)+Ni(s)$	$2.00\times10^{+19}$	0.0	123.6
40	$CO_2(Ni)+Ni(s) \rightarrow CO(Ni)+O(Ni)$	$4.65\times10^{+23}$	-1.0	89.3
41	$COOH(Ni)+Ni(s) \rightarrow CO(Ni)+OH(Ni)$	$1.46\times10^{+24}$	-0.2	54.3
42	$CO(Ni)+OH(Ni) \rightarrow COOH(Ni)+Ni(s)$	$6.00\times10^{+20}$	0.2	97.6
43	$CO_2(Ni)+H(Ni) \rightarrow COOH(Ni)+Ni(s)$	$6.25\times10^{+24}$	-0.5	117.3
44	$COOH(Ni)+Ni(s) \rightarrow CO_2(Ni)+H(Ni)$	$3.74\times10^{+20}$	0.5	33.7

4.3.4　简化反应机理的验证

为了验证所得甲烷水蒸气重整44步简化反应机理的正确性及其适用范围，基于CHEMKIN对不同工况参数下的甲烷水蒸气重整反应进行了模拟计算，将不同工况参数下简化反应机理的反应气体转化率（CH_4转化率和H_2O转化率）和反应器出口处合成气体摩尔分数（H_2摩尔分数和CO摩尔分数）与原始反应机理结果进行对比，从而验证简化反应机理的正确性及其适用范围。计算参数为：反应器温度800~1200 K、水碳比1~5、气体入口质量流量0.01~0.1 g/s。

图4-43和图4-44为不同反应器温度下，简化反应机理与原始反应机理中反应气体转化率和合成气体摩尔分数的对比结果，计算参数为：反应器温度800~1200 K、水碳比3、气体入口质量流量0.01 g/s。图4-43（a）为简化反应机理与原始反应机理中CH_4转化率的对比结果，简化反应机理和原始反应机理中CH_4转化率均随反应器温度的升高而增加，且在反应器温度高于1100 K时，CH_4转化率趋于平缓。图4-43（b）为简化反应机理与原始反应机理中H_2O转化率的对

比结果，简化反应机理和原始反应机理中 H_2O 转化率均随反应器温度的升高而增加，且在反应器温度高于 1100 K 时，H_2O 转化率的增长速率较之前有所降低。由图 4-43 可知，简化反应机理和原始反应机理中 CH_4 转化率和 H_2O 转化率趋势一致，且吻合较好。

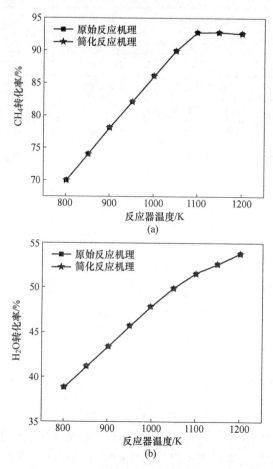

图 4-43 不同反应器温度下反应气体转化率的对比
（a）CH_4 转化率；（b）H_2O 转化率

图 4-44（a）为简化反应机理与原始反应机理中 H_2 摩尔分数的对比结果，简化反应机理和原始反应机理中 H_2 摩尔分数随反应器温度的变化规律与反应气体转化率相同，随反应器温度的升高而增加，且在反应器温度高于 1100 K 时，H_2 摩尔分数的增长速率开始降低。图 4-44（b）为简化反应机理与原始反应机理中 CO 摩尔分数的对比结果，反应器温度在 800~1100 K 时，CO 摩尔分数随反应器温度的升高而增加，但反应器温度高于 1100 K 时，CO 摩尔分数趋于稳定，甚至略微下降。分析认为，这可能是因为反应器温度升高可以促使甲烷水蒸气重整

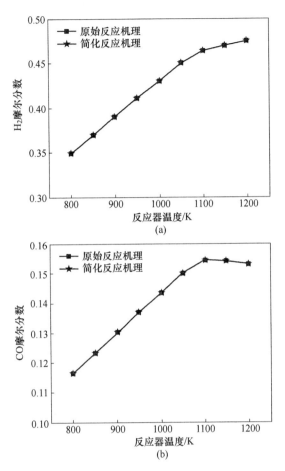

图 4-44 不同反应器温度下合成气体摩尔分数的对比

(a) H_2 摩尔分数；(b) CO 摩尔分数

反应的正向进行，随着反应的进行，反应温度也随之下降，且反应完全后还有多余的 H_2O，导致 CO 和 H_2O 发生水汽反应。

综上所述，不同反应器温度下，简化反应机理和原始反应机理的反应气体转化率和合成气体摩尔分数的对比结果趋势一致，吻合程度较好，因此简化反应机理可用于不同反应器温度下的甲烷水蒸气重整反应。

图 4-45 和图 4-46 为不同水碳比下，简化反应机理与原始反应机理中反应气体转化率和合成气体摩尔分数的对比结果，计算参数为：反应器温度 1200 K、水碳比 1~5、气体入口质量流量 0.01 g/s。图 4-45 (a) 为简化反应机理与原始反应机理中 CH_4 转化率的对比结果，简化反应机理和原始反应机理中 CH_4 转化率均随水碳比的增加而增加，且水碳比在 1~2 时，CH_4 转化率上升速率最大，随水碳比的增加，CH_4 转化率的增长速率也逐渐降低。图 4-45 (b) 为简化反应机

理与原始反应机理中 H_2O 转化率的对比结果，简化反应机理和原始反应机理中 H_2O 转化率均随水碳比的增加而降低，且水碳比在 1~2 时，下降速率最为明显。

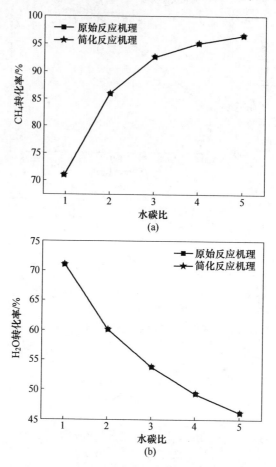

图 4-45　不同水碳比下反应气体转化率的对比
(a) CH_4 转化率；(b) H_2O 转化率

图 4-46 (a) 为简化反应机理与原始反应机理中 H_2 摩尔分数的对比结果，简化反应机理和原始反应机理中 H_2 摩尔分数随水碳比的变化规律与 H_2O 转化率相同，随水碳比的增加而降低，在水碳比为 1~2 时，下降速率最小。图 4-46 (b) 为简化反应机理与原始反应机理中 CO 摩尔分数的对比结果，简化反应机理和原始反应机理中 CO 摩尔分数随水碳比的变化规律与 H_2 摩尔分数相同，随水碳比的增加而降低。

综上所述，不同水碳比下，简化反应机理和原始反应机理的反应气体转化率和合成气体摩尔分数的对比结果趋势一致，吻合程度较好，因此简化反应机理可用于不同水碳比下的甲烷水蒸气重整反应。

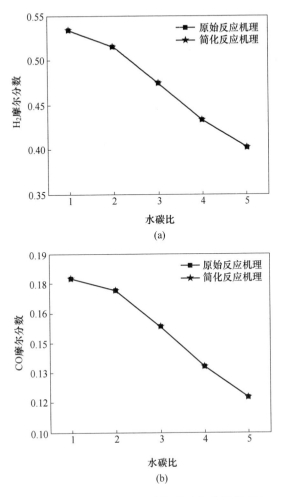

图 4-46 不同水碳比下合成气体摩尔分数的对比

（a）H_2 摩尔分数；（b）CO 摩尔分数

　　图 4-47 和图 4-48 为不同气体入口质量流量下，简化反应机理与原始反应机理中反应气体转化率和合成气体摩尔分数的对比结果，计算参数为：反应器温度 1200 K、水碳比 3、气体入口质量流量 0.01~0.1 g/s。图 4-47（a）为简化反应机理与原始反应机理中 CH_4 转化率的对比结果，简化反应机理和原始反应机理中 CH_4 转化率均随气体入口质量流量的增加而降低，且气体入口质量流量在 0.01~0.2 g/s 时，下降速率最大。图 4-47（b）为简化反应机理与原始反应机理中 H_2O 转化率的对比结果，简化反应机理和原始反应机理中 H_2O 转化率随气体入口质量流量的变化规律与 CH_4 转化率的变化规律相同，均随气体入口质量流量的增加而降低。

图4-48（a）为简化反应机理与原始反应机理中 H_2 摩尔分数的对比结果，简化反应机理和原始反应机理中 H_2 摩尔分数随气体入口质量流量的变化规律与 CH_4 转化率的变化规律相同，均随气体入口质量流量的增加而降低，气体入口质量流量在 $0.01 \sim 0.2$ g/s时下降速率最大，且下降速率随气体入口质量流量的增加而降低。图4-48（b）为简化反应机理与原始反应机理中 CO 摩尔分数的对比结果，简化反应机理和原始反应机理中 CO 摩尔分数随气体入口质量流量的变化规律与 H_2 摩尔分数的变化规律相同，均随气体入口质量流量的增加而降低。

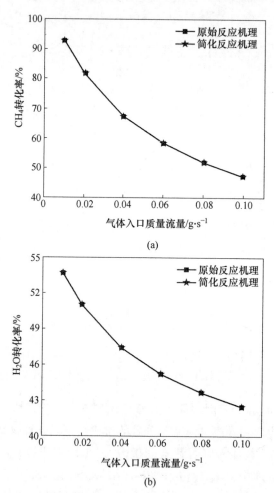

(a)

(b)

图4-47 不同气体入口质量流量下反应气体转化率的对比
(a) CH_4 转化率；(b) H_2O 转化率

综上所述，不同气体入口质量流量下，简化反应机理和原始反应机理中反应气体转化率和合成气体摩尔分数的对比结果趋势一致，吻合程度较好，因此简化反应机理可用于不同气体入口质量流量下的甲烷水蒸气重整反应。

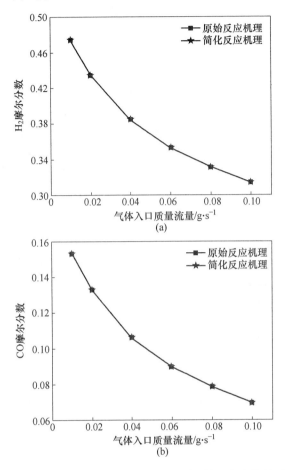

图 4-48　不同气体入口质量流量下合成气体摩尔分数的对比

（a）H_2 摩尔分数；（b）CO 摩尔分数

参 考 文 献

[1] HUANG X, LV Z, ZHAO B, et al. Optimization of operating parameters for methane steam reforming thermochemical process using response surface methodology [J]. International Journal of Hydrogen Energy, 2022, 47 (66): 28313-28321.

[2] HUANG X, LV Z, MA Q, et al. The mechanism characterizations of methane steam reforming under coupling condition of temperature and ratio of steam to carbon [J]. International Journal of Hydrogen Energy, 2023, 48 (57): 21586-21598.

[3] HUANG X, LV Z, YAO X, et al. Research on the optimization of the operating parameters of methane carbon dioxide reforming using the response surface methodology [J]. Processes, 2023, 11 (8): 2334.

[4] 马强. 甲烷水蒸气重整制氢反应机理研究 [D]. 唐山: 华北理工大学, 2023.

[5] 马强, LOUGOU BACHIROU Guene, 黄兴. 基于 Fe_3O_4/FeO 两步法制取合成气参数研究 [J]. 化学工程, 2022, 50 (4): 58-62, 78.

[6] 黄兴, 高方林, LOUGOU BACHIROU Guene, 等. 基于5kW非共轴聚光型模拟器性能数值研究 [J]. 可再生能源, 2023, 41 (1): 39-45.

[7] 高方林. 基于5 kW太阳模拟器聚集辐照下热化学反应器性能研究 [D]. 唐山: 华北理工大学, 2023.

[8] 赵博宇. 聚集辐照下甲烷水蒸气重整制氢特性研究 [D]. 唐山: 华北理工大学, 2022.

[9] 黄兴, 赵博宇, 张昊, 等. 太阳能热化学反应器中甲烷水蒸气重整的参数研究 [J]. 可再生能源, 2022, 40 (12): 1569-1576.

[10] 黄兴, 赵博宇, LOUGOU BACHIROU Guene, 等. 甲烷水蒸气重整制氢研究进展 [J]. 石油与天然气化工, 2022, 51 (1): 53-61.

[11] 黄兴, 赵博宇, 张昊, 等. 聚集辐照下甲烷水蒸气重整制氢过程参数研究 [J]. 石油与天然气化工, 2021, 50 (4): 58-65.

[12] 黄兴, 吕政国, 李珍珍, 等. 甲烷干法重整催化剂抗积碳性能的研究进展 [J]. 低碳化学与化工, 2023, 48 (2): 14-22.

[13] 梁荣光, 简弃非, 翁仪璧, 等. 能源的开发利用与节能 [J]. 内燃机, 2001 (6): 32-35.

[14] 王峥, 任毅. 我国太阳能资源的利用现状与产业发展 [J]. 资源与产业, 2010, 12 (2): 89-92.

[15] 孙峰, 毕文剑, 周楷, 等. 太阳能热利用技术分析与前景展望 [J]. 太阳能, 2021 (7): 23-36.

[16] 孙振锋, 王建辉, 邵正日. 北方农村户用太阳能空气集热采暖系统实验分析 [J]. 可再生能源, 2018, 36 (6): 858-861.

[17] 赵琰, 苑中显, 文鑫. 太阳能蓄热空气罐供暖系统实验研究 [J]. 可再生能源, 2020, 38 (9): 1175-1180.

[18] 张燃. 大口径发散式同轴太阳模拟器及其关键技术研究 [D]. 长春: 长春理工大学, 2019.

［19］ EKMAN B M, BROOKS G, AKBAR RHAMDHANI M. Development of high flux solar simulators for solar thermal research ［J］. Solar Energy Materials & Solar Cells, 2015, 141: 436-446.

［20］ TAWFIK M, TONNELLIER X, SANSOM C. Light source selection for a solar simulator for thermal applications: A review ［J］. Renewable and Sustainable Energy Reviews, 2018, 90: 802-813.

［21］ 万松. 太阳模拟器的光学设计与应用研究 ［D］. 上海: 上海交通大学, 2012.

［22］ ESEN V, SAĞLAM S, ORAL B. Light sources of solar simulators for photovoltaic devices: A review ［J］. Renewable and Sustainable Energy Reviews, 2017, 77: 1240-1250.

［23］ 胡鹏飞, 王广才, 王静, 等. 高光谱匹配 LED 太阳模拟器的研究 ［J］. 自动化与仪器仪表, 2020 (7): 85-89.

［24］ 张国玉, 吕文华, 贺晓雷, 等. 太阳模拟器辐照均匀性分析 ［J］. 中国光学与应用光学, 2009, 2 (1): 41-45.

［25］ 孙焕杰, 张国玉, 孙高飞, 等. 变系数椭球聚光镜的设计 ［J］. 激光与光电子学进展, 2021, 58 (9): 225-232.

［26］ XIAO J, WEI X, RAÚL N G, et al. Design and characterization of a high-flux non-coaxial concentrating solar simulator ［J］. Applied Thermal Engineering, 2018, 145: 201-211.

［27］ 白章, 郑博, 胡文鑫, 等. 太阳能模拟器聚光仿真及能流分布特性调控分析 ［J］. 实验技术与管理, 2022, 39 (12): 86-92.

［28］ ZHU Q, XUAN Y, LIU X, et al. A 130 kWe solar simulator with tunable ultra-high flux and characterization using direct multiple lamps mapping ［J］. Applied Energy, 2020, 270: 115165.

［29］ 汪恩良, 于俊, 韩红卫, 等. 室内辐照试验用太阳模拟器设计 ［J］. 东北农业大学学报, 2020, 51 (12): 90-98.

［30］ LI J, GONZALEZ-AGUILAR J, ROMERO M. Line-concentrating flux analysis of 42 kWe high-flux solar simulator ［J］. Energy Procedia, 2015, 69: 132-137.

［31］ JOHANNES P, LIFENG L, MUSTAFA H, et al. Optical alignment and radiative flux characterization of a multi-source high-flux solar simulator ［J］. Solar Energy, 2022, 236: 434-444.

［32］ MARCO M, GIANPIERO C, ARTURO D R. Development of a high-flux solar simulator for experimental testing of high-temperature applications ［J］. Energies, 2021, 14 (11): 3124.

［33］ MARTÍNEZ-MANUEL L, PEÑA-CRUZ M I, VILLA-MEDINA M, et al. A 17.5 kW_{el} high flux solar simulator with controllable flux-spot capabilities: design and validation study ［J］. Solar Energy, 2018, 170: 807-819.

［34］ JIANG B, LOUGOU B G, ZHANG H, et al. Analysis of high-flux solar irradiation distribution characteristic for solar thermochemical energy storage application ［J］. Applied Thermal Engineering, 2020, 181: 115900.

［35］ KRUEGER K R, DAVIDSON J H, LIPIŃSKI W. Design of a new 45 kW_e high-flux solar simulator for high-temperature solar thermal and thermochemical research ［J］. Journal of Solar

Energy Engineering, 2011, 133 (1): 1237-1246.

[36] WANG W J, AICHMAYER L, GARRIDO J, et al. Development of a Fresnel lens based high-flux solar simulator [J]. Solar Energy, 2017, 144: 436-444.

[37] LI X, CHEN J L, WOJCIECH L, et al. A 28 kW$_e$ multi-source high-flux solar simulator: design, characterization, and modeling [J]. Solar Energy, 2020, 211: 569-583.

[38] WANG J K, QIU Y, LI Q, et al. Design and experimental study of a 30 kW$_e$ adjustable solar simulator delivering high and uniform flux [J]. Applied Thermal Engineering, 2021, 195: 117215.

[39] DAI S M, CHANG Z S, MA T Z, et al. Experimental study on flux mapping for a novel 84 kW$_e$ high flux solar simulator [J]. Applied Thermal Engineering, 2019, 162: 114319.

[40] 李子衿. 高辐照度太阳能模拟器的设计与实验研究 [D]. 北京: 华北电力大学, 2014.

[41] 马振, 白润泽, 鄂霖, 等. 考虑太阳张角的聚光器设计 [J]. 可再生能源, 2022, 40 (9): 1166-1172.

[42] ADANEZ J, ABAB A, GARCIA-LABIANO F, et al. Progress in chemical-looping combustion and reforming technologies [J]. Progress in Energy & Combustion Science, 2012, 38 (2): 215-282.

[43] ROMERO M, STEINFELD A. Concentrating solar thermal power and thermochemical fuels [J]. Energy & Environmental Science, 2012, 5 (11): 9234-9245.

[44] WANG M, SIDDIQUI K. The impact of geometrical parameters on the thermal performance of a solar receiver of dish-type concentrated solar energy system [J]. Renewable Energy, 2010, 35 (11): 2501-2513.

[45] COSTAND J, GHAZAL N E, MOHAMED M T, et al. Effect of reactor geometry on the temperature distribution of hydrogen producing solar reactors [J]. International Journal of Hydrogen Energy, 2012, 37 (21): 16581-16590.

[46] 邓倩, 王跃社. 碟式太阳能复合圆锥型腔式吸热器热性能评估 [J]. 工程热物理学报, 2018, 39 (12): 2703-2707.

[47] ELENA N S M, CAMILO A A, DANIEL M J, et al. Heat transfer and chemical kinetics analysis of a novel solar reactor for hydrothermal processing [J]. Solar Energy, 2022, 241: 372-385.

[48] ZHANG T, TANG X Y, YANG W W, et al. Comprehensive performance study on reflux solar methanol steam reforming reactor for hydrogen production [J]. International Journal of Hydrogen Energy, 2023, 48 (3): 879-893.

[49] YAO J L, ZHENG H Y, BAI P W, et al. Design and optimization of solar-dish volumetric reactor for methane dry reforming process with three-dimensional optics-CFD method [J]. Energy Conversion and Management, 2023, 277: 116663.

[50] ZHANG H, BACHIROU G L, PAN R, et al. Analysis of thermal transport and fluid flow in high-temperature porous media solar thermochemical reactor [J]. Solar Energy, 2018, 173: 814-824.

［51］ BACHIROU G L, SHUAI Y, CHEN X, et al. Analysis of radiation heat transfer and temperature distributions of solar thermochemical reactor for syngas production ［J］. 能源前沿：英文版, 2017, 11（4）：13.

［52］ WANG F, YONG S, TAN H, et al. Thermal performance analysis of porous media receiver with concentrated solar irradiation ［J］. International Journal of Heat & Mass Transfer, 2013, 62：247-254.

［53］ 李嘉宝, 王沛, 赵亮. 基于分布参数模型的塔式熔盐吸热器换热过程动态特性研究 ［J］. 可再生能源, 2018, 36（7）：991-996.

［54］ BACHIROU G L, SHUAI Y, PAN R, et al. Heat transfer and fluid flow analysis of porous medium solar thermochemical reactor with quartz glass cover ［J］. International Journal of Heat & Mass Transfer, 2018, 127：61-74.

［55］ 常哲韶, 赵东明, 李鑫, 等. 10 kW 高温太阳能热化学反应器及聚光器设计和数值模拟 ［J］. 太阳能学报, 2021, 42（10）：160-167.

［56］ ZHANG Q Q, CHANG Z S, FU M K, et al. Thermal performance analysis of an integrated solar reactor using solid oxide electrolysis cells（SOEC）for hydrogen production ［J］. Energy Conversion and Management, 2022, 264：115762.

［57］ ROMAN B, CHANDRAN R B, VENSTROM L J, et al. Design of a solar reactor to split CO_2 via isothermal redox cycling of ceria ［J］. Journal of Solar Energy Engineering, 2015, 137（3）：31007.

［58］ WANG F Q, SHUAI Y, YUAN Y, et al. Thermal stress analysis of eccentric tube receiver using concentrated solar radiation ［J］. Solar Energy, 2010, 84（10）：1809-1815.

［59］ WANG F Q, SHUAI Y, YUAN Y, et al. Effects of material selection on the thermal stresses of tube receiver under concentrated solar irradiation ［J］. Materials and Design, 2011, 33：284-291.

［60］ KHANNA S, SHARMA V, NEWAR S, et al. Thermal stress in bimetallic receiver of solar parabolic trough concentrator induced due to non uniform temperature and solar flux distribution ［J］. Solar Energy, 2018, 176：301-311.

［61］ 李东青. 太阳能腔式吸热器换热性能与热应力的数值研究 ［D］. 太原：太原理工大学, 2020.

［62］ DU S, WANG Z, SHEN S. Thermal and structural evaluation of composite solar receiver tubes for Gen3 concentrated solar power systems ［J］. Renewable Energy, 2022, 189：117-128.

［63］ MAYTORENA V M, HINOJOSA J F. Computational analysis of passive strategies to reduce thermal stresses in vertical tubular solar receivers for safety direct steam generation ［J］. Renewable Energy, 2023, 204：605-616.

［64］ 刘敏, 饶政华, 刘继雄, 等. 能流分布对超临界 CO_2 腔式太阳能吸热器热-力特性的影响 ［J］. 太阳能学报, 2020, 41（4）：92-98.

［65］ 牛树群. 塔式太阳能光热发电系统吸热器传热与力学特性研究 ［D］. 吉林：东北电力大学, 2020.

[66] WANG W Q, LI M J, CHENG Z D, et al. Coupled optical-thermal-stress characteristics of a multi-tube external molten salt receiver for the next generation concentrating solar power [J]. Energy, 2021, 233: 121110.

[67] CHEN Y X, WANG D, ZOU C Z, et al. Thermal performance and thermal stress analysis of a supercritical CO_2 solar conical receiver under different flow directions [J]. Energy, 2022, 246: 123344.

[68] 吴福田, 冯书文. 非共轴深椭球面反射镜的设计原理 [J]. 光电子·激光, 2002 (2): 210-211.

[69] MENG Q L, WANG Y, ZHANG L H. Irradiance characteristics and optimization design of a large-scale solar simulator [J]. Solar Energy, 2011, 85 (9): 1758-1767.

[70] LIEBMANN R. Solar simulator for a 3-m space environment chamber [J]. Applied Optics, 1968, 7 (2): 315-323.

[71] 许传兵. 基于太阳模拟器光热转化系统结构设计及热性能分析 [D]. 哈尔滨: 哈尔滨工业大学, 2017.

[72] 杜景龙. 碟式斯特林太阳热发电系统太阳模拟器的设计与实验研究 [D]. 北京: 中国科学院研究生院 (工程热物理研究所), 2011.

[73] XIAO J, WEI X D, GILABER R N, et al. Design and characterization of a high-flux non-coaxial concentrating solar simulator [J]. Applied Thermal Engineering, 2018, 145: 201-211.

[74] SHAH M A H, BUTT H, FAROOQ M, et al. Development of a truncated ellipsoidal reflector-based metal halide lamp solar simulator for characterization of photovoltaic cells [J]. Energy Sources, Part A: Recovery, Utilization, and Environmental Effects, 2021, 43 (20): 2554-2568.

[75] 何志霞, 王谦, 袁建平. 热流体数值计算方法与应用 [M]. 北京: 机械工业出版社, 2013: 23-24.

[76] 许佩佩. 塔式太阳能吸热器热性能的研究 [D]. 杭州: 浙江大学, 2015.

[77] 毛青松. 碟式太阳能热发电系统中腔式吸热器光热性能的数值研究及优化 [D]. 广州: 华南理工大学, 2012.

[78] ZHANG H, SHUAI Y, BACHIROU G L, et al. Thermal characteristics and thermal stress analysis of solar thermochemical reactor under high-flux concentrated solar irradiation [J]. Science China Technological Sciences, 2020, 63 (9): 1776-1786.

[79] WU Z Y, CALIOT C, FLAMANT G, et al. Coupled radiation and flow modeling in ceramic foam volumetric solar air receivers [J]. Solar Energy, 2011, 85 (9): 2374-2385.

[80] HUANG X, CHEN X, SHUAI Y, et al. Heat transfer analysis of solar-thermal dissociation of $NiFe_2O_4$ by coupling MCRTM and FVM method [J]. Energy Conversion and Management, 2015, 106: 676-686.

[81] WANG K, LI W, DU J, et al. Thermal analysis of in-situ Al_2O_3/SiO_2 (p)/Al composites fabricated by stir casting process [J]. Thermochimica Acta, 2016, 641: 29-38.

[82] XIE F, SUN Y L, LI D J, et al. Modelling of catastrophic stress development due to mixed

oxide growth in thermal barrier coatings [J]. Ceramics International, 2019, 45 (9): 11353-11361.

[83] TIBEICA C, DAMIAN V, MULLER R, et al. SiO_2-metal cantilever structures under thermal and intrinsic stress [C]. In: Proceedings of the 2011 International Semiconductor Conference. Romania, 2011: 167-170.

[84] 刘超. 碟式太阳能反应腔内 ZnO 颗粒分解过程的热化学性能研究 [D]. 哈尔滨: 哈尔滨工业大学, 2018.

[85] BACHIROU G L, SHUAI Y, HUANG X, et al. Thermal performance analysis of solar thermochemical reactor for syngas production [J]. International Journal of Heat & Mass Transfer, 2017, 111: 410-418.

[86] WAN Z J, FANG J B, TU N, et al. Numerical study on thermal stress and cold startup induced thermal fatigue of a water/steam cavity receiver in concentrated solar power (CSP) plants [J]. Solar Energy, 2018, 170: 430-441.

[87] 李维特, 黄保海, 毕仲波. 热应力理论分析及应用 [M]. 北京: 中国电力出版社, 2004: 69-71.

[88] 蔡宏伟. 固定管板式换热器的热应力分析与结构优化 [D]. 南昌: 南昌大学, 2018.

[89] ALTAMASH T, KHRAISHEH M, QURESHI M F. Investigating the effects of mixing ionic liquids on their density, decomposition temperature, and gas absorption [J]. Chemical Engineering Research and Design, 2019, 148: 251-259.

[90] WANG B, ZHANG H, YUAN M, et al. Sustainable crude oil transportation: Design optimization for pipelines considering thermal and hydraulic energy consumption [J]. Chemical Engineering Research and Design, 2019, 151: 23-29.

[91] CERRILLO-BRIONES I M, RICARDEZ-SANDOVAL L A. Robust optimization of a post-combustion CO_2 capture absorber column under process uncertainty [J]. Chemical Engineering Research and Design, 2019, 144: 386-396.

[92] BARELLI L, BRDINI G, GALLORINI F, et al. Hydrogen production through sorption-enhanced steam methane reforming and membrane technology: A review [J]. Energy, 2008, 33 (4): 554-570.

[93] SANCHEZ M C, NAVARRO R M, FIERRO J L G. Ethanol steam reforming over Ni/La-Al_2O_3 catalysts: Influence of lanthanum loading [J]. Catalysis Today, 2007, 129 (3/4): 336-345.

[94] ELIEZER D, ELIAZ N, SENKOV O N, et al. Positive effects of hydrogen in metals [J]. Materials Science and Engineering, 2000, 280 (1): 220-224.

[95] DUPONT V. Steam reforming of sunflower oil for hydrogen gas production [J]. Helia, 2007, 30 (46): 103-132.

[96] DAMEL A S. Hydrogen production by reforming of liquid hydrocarbons in a membrane reactor for portable power generation-experimental studies [J]. Journal of Power Sources, 2008, 186 (1): 167-177.

[97] KANG I, BAE J, BAE G. Performance comparison of autothermal reforming for liquid

hydrocarbons, gasoline and diesel for fuel cell applications [J]. Journal of Power Sources, 2006, 163 (1): 538-546.

[98] LI W, CHENG C, HE L, et al. Effects of feedstock and pyrolysis temperature of biochar on promoting hydrogen production of ethanol-type fermentation [J]. Science of the Total Environment, 2021, 790: 148206.

[99] SAKA C, BAY A. Oxygen and nitrogen-functionalized porous carbon particles derived from hazelnut shells for the efficient catalytic hydrogen production reaction [J]. Biomass and Bioenergy, 2021, 149: 106072.

[100] DUAN W J, YU Q B, WU T W, et al. Experimental study on steam gasification of coal using molten blast furnace slag as heat carrier for producing hydrogen-enriched syngas [J]. Energy Conversion & Management, 2016, 117 (1): 513-519.

[101] ARIF H, BAHAR M, OKAN I. Electrolysis of coal slurries to produce hydrogen gas: Effects of different factors on hydrogen yield [J]. International Journal of Hydrogen Energy, 2011, 36 (19): 12249-12258.

[102] ZHENG Y, CHEN Z W, ZHANG J J. Solid oxide electrolysis of H_2O and CO_2 to produce Hydrogen and Low-Carbon Fuels [J]. Electrochemical Energy Reviews, 2021: 1-10.

[103] FATIMA E C, KADDAMI M, MILOU M. Effect of operating parameters on hydrogen production by electrolysis of water [J]. International Journal of Hydrogen Energy, 2017, 42 (40): 25550-25557.

[104] FAHEEM H H, TANVEER H U, ABBAS S Z, et al. Comparative study of conventional steam-methane-reforming (SMR) and auto-thermal-reforming (ATR) with their hybrid sorption enhanced (SE-SMR & SE-ATR) and environmentally benign process models for the hydrogen production [J]. Fuel, 2021, 297: 120769.

[105] 孙杰, 孙春文, 李吉刚, 等. 甲烷水蒸气重整反应研究进展 [J]. 中国工程科学, 2013, 15 (2): 98-106.

[106] 黄兴. 聚集辐射热解铁酸盐颗粒过程光热特性分析 [D]. 哈尔滨: 哈尔滨工业大学, 2016.

[107] GAO N B, CHENG M M, QUAN C, et al. Syngas production via combined dry and steam reforming of methane over Ni-Ce/ZSM-5 catalyst [J]. Fuel, 2020, 273: 117702.

[108] BULFIN B, ACKERMANN S, FURLER P, et al. Thermodynamic comparison of solar methane reforming via catalytic and redox cycle routes [J]. Solar Energy, 2021, 215: 169-178.

[109] HIRAMITSU Y, DEMURA M, XU Y, et al. Catalytic properties of pure Ni honeycomb catalysts for methane steam reforming [J]. Applied Catalysis A: General, 2015, 507: 162-168.

[110] WANG F Q, TAN J, JIN H, et al. Thermochemical performance analysis of solar driven CO_2 methane reforming [J]. Energy, 2015, 91: 645-654.

[111] XU F, WANG Y M, LI F, et al. Hydrogen production by the steam reforming and partial oxidation of methane under the dielectric barrier discharge [J]. Journal of Fuel Chemistry and

Technology, 2021, 49 (3): 367-373.

[112] LIN K W, WU H W. Hydrogen-rich syngas production and carbon dioxide formation using aqueous urea solution in biogas steam reforming by thermodynamic analysis [J]. International Journal of Hydrogen Energy, 2020, 45 (20): 11593-11604.

[113] GOKON N, NAKAMUAR S, MATSUBARA K, et al. Carbonate molten-salt absorber/reformer: Heating and steam reforming performance of reactor tubes [J]. Energy Procedia, 2014, 49: 1940-1949.

[114] CARAPPELLUCCI R, GIORDANO L. Steam dry and autothermal methane reforming for hydrogen production: A thermodynamic equilibrium analysis [J]. Journal of Power Sources, 2020, 469: 228391.

[115] PASHCHENKO D, MUSTAFIN R, MUSTAFINA A. Steam methane reforming in a microchannel reformer: experiment, CFD-modelling and numerical study [J]. Energy, 2021, 237 (21): 121624.

[116] ABBAS S Z, VALERIE D, TARIQ M. Kinetics study and modelling of steam methane reforming process over a NiO/Al_2O_3 catalyst in an adiabatic packed bed reactor [J]. International Journal of Hydrogen Energy, 2017, 42 (5): 2889-2903.

[117] GALLUCCI F, PATURZO L, BASIKE A A. Simulation study of the steam reforming of methane in a dense tubular membrane reactor [J]. International Journal of Hydrogen Energy, 2004, 29 (6): 611-617.

[118] LEE S M, HWANG I H, KIM S S. Enhancement of catalytic performance of porous membrane reactor with Ni catalyst for combined steam and carbon dioxide reforming of methane reaction [J]. Fuel Processing Technology, 2019, 188: 197-202.

[119] WANG F Q, SHUAI Y, WANG Z, et al. Thermal and chemical reaction performance analyses of steam methane reforming in porous media solar thermochemical reactor [J]. International Journal of Hydrogen Energy, 2014, 39 (2): 718-730.

[120] WANG F Q, GUAN Z, TAN J, et al. Unsteady state thermochemical performance analyses of solar driven steam methane reforming in porous medium reactor [J]. Solar Energy, 2015, 122: 1180-1192.

[121] WANG H S, HAO Y. Thermodynamic study of solar thermochemical methane steam reforming with alternating H_2 and CO_2 permeation membranes reactors [J]. Energy Procedia, 2017, 105: 1980-1985.

[122] HUANG W J, YU C T, SHEU W J, et al. The effect of non-uniform temperature on the sorption-enhanced steam methane reforming in a tubular fixed-bed reactor [J]. International Journal of Hydrogen Energy, 2021, 46 (31): 16522-16533.

[123] 毛志方, 姜培学, 刘峰. 甲烷水蒸气重整强化管内换热的数值模拟 [J]. 航空动力学报, 2011, 26 (3): 563-569.

[124] 张力, 张苗, 闫云飞. 定壁温下甲烷自热重整产氢暂态特性数值模拟 [J]. 热能动力工程, 2012, 27 (1): 112-116.

［125］ALAM S, KUMAR J P, RANI K Y, et al. Self-sustained process scheme for high purity hydrogen production using sorption enhanced steam methane reforming coupled with chemical looping combustion ［J］. Journal of Cleaner Production, 2017, 16: 687-701.

［126］SHI X H, WANG F Q, CHENG Z M, et al. Numerical analysis of the biomimetic leaf-type hierarchical porous structure to improve the energy storage efficiency of solar driven steam methane reforming ［J］. International Journal of Hydrogen Energy, 2021, 46 (34): 17653-17665.

［127］WANG F Q, GUAN Z, TAN J, et al. Unsteady state thermochemical performance analyses of solar driven steam methane reforming in porous medium reactor ［J］. Solar Energy, 2015, 122: 1180-1192.

［128］DMITRY P. Numerical study of steam methane reforming over a pre-heated Ni-based catalyst with detailed fluid dynamics ［J］. Fuel, 2019, 236: 686-694.

［129］GU R, JING D, WANG Y, et al. Heat transfer and storage performance of steam methane reforming in tubular reactor with focused solar simulator ［J］. Applied Energy, 2019, 233: 789-801.

［130］WANG J Y, YANG J, SUNBEN B, et al. Hydraulic and heat transfer characteristics in structured packed beds with methane steam reforming reaction for energy storage ［J］. International Communications in Heat and Mass Transfer, 2021, 121: 105109.

［131］NGUYEN V N, DEJA R, PETERS R, et al. Methane/steam global reforming kinetics over the Ni/YSZ of planar pre-reformers for SOFC systems ［J］. Chemical Engineering Journal, 2016, 292: 113-122.

［132］WANG F, QI B, WANG G Q, et al. Methane steam reforming: Kinetics and modeling over coating catalyst in micro-channel reactor ［J］. International Journal of Hydrogen Energy, 2013, 389 (14): 5693-5704.

［133］CHEN K, ZHAO Y, ZHANG W, et al. The intrinsic kinetics of methane steam reforming over a nickel-based catalyst in a micro fluidized bed reaction system ［J］. International Journal of Hydrogen Energy, 2020, 45 (3): 1615-1628.

［134］LIMA K, DIAS V, SILVA J. Numerical modelling for the solar driven bi-reforming of methane for the production of syngas in a solar thermochemical micro-packed bed reactor ［J］. International Journal of Hydrogen Energy, 2020, 45 (7): 10353-10369.

［135］MAQBOOL F, ABBAS S Z, RAMIREZ S S, et al. Modelling of one-dimensional heterogeneous catalytic steam methane reforming over various catalysts in an adiabatic packed bed reactor ［J］. International Journal of Hydrogen Energy, 2020, 46 (7): 5112-5130.

［136］YUAN Q, GU R, DING J, et al. Heat transfer and energy storage performance of steam methane reforming in a tubular reactor ［J］. Applied Thermal Engineering, 2017, 125: 633-643.

［137］POURALI M, ESFAHANI J A, SADETGI M A, et al. Simulation of methane steam reforming in a catalytic micro-reactor using a combined analytical approach and response surface methodology [J]. International Journal of Hydrogen Energy, 2021, 46 (44): 22763-22776.

[138] KIM T W, PARK J C, LIM T H, et al. The kinetics of steam methane reforming over a Ni/γ-Al$_2$O$_3$ catalyst for the development of small stationary reformers [J]. International Journal of Hydrogen Energy, 2015, 13 (40): 4512-4518.

[139] QIN Z, ZHAO Y, YI Q, et al. Methanation of coke oven gas over Ni-Ce/γ-Al$_2$O$_3$ catalyst using a tubular heat exchange reactor: Pilot-scale test and process optimization [J]. Energy Conversion and Management, 2020, 204: 112302.

[140] SHI X H, ZHANG X P, WANG F Q, et al. Thermochemical analysis of dry methane reforming hydrogen production in biomimetic venous hierarchical porous structure solar reactor for improving energy storage [J]. International Journal of Hydrogen Energy, 2020, 46 (11): 7733-7744.

[141] FERNANDEZ E, RUSTEN H K, JAKOBSEN H A, et al. Sorption enhanced hydrogen production by steam methane reforming using Li$_2$ZrO$_3$ as sorbent: Sorption kinetics and reactor simulation [J]. Catalysis Today, 2005, 106 (1/2/3/4): 41-46.

[142] PENG X, JIN Q. Molecular simulation of methane steam reforming reaction for hydrogen production, 2022, 47 (12): 7569-7585.

[143] ZHANG C, CHANG X, DONG X, et al. The oxidative stream reforming of methane to syngas in a thin tubular mixed-conducting membrane reactor [J]. Journal of Membrane Science, 2008, 320 (1/2): 401-406.

[144] CHOUHAN K, SINBA S, KUMAR S, et al. Simulation of steam reforming of biogas in an industrial reformer for hydrogen production [J]. International Journal of Hydrogen Energy, 2021, 46 (53): 26809-26824.

[145] IRA B, JSS C, KR D, et al. Development and CFD analysis for determining the optimal operating conditions of 250kg/day hydrogen generation for an on-site hydrogen refueling station (HRS) using steam methane reforming [J]. International Journal of Hydrogen Energy, 2021, 46 (71): 35057-35076.

[146] JRHA B, JJU A, SL A, et al. Simultaneous analysis of hydrogen productivity and thermal efficiency of hydrogen production process using steam reforming via integrated process design and 3D CFD modeling [J]. Chemical Engineering Research and Design, 2022, 178: 466-477.

[147] LEONZIO G. ANOVA analysis of an integrated membrane reactor for hydrogen production by methane steam reforming [J]. International Journal of Hydrogen Energy, 2019, 44 (23): 11535-11545.

[148] ANZELMO B, WILCOX J, LINGUORI S. Natural gas steam reforming reaction at low temperature and pressure conditions for hydrogen production via Pd/PSS membrane reactor [J]. Journal of Membrane Science, 2017, 522: 343-350.

[149] MARIN P, PATINO Y, DIEZ F V, et al. Modelling of hydrogen perm-selective membrane reactors for catalytic methane steam reforming [J]. International Journal of Hydrogen Energy,

2012, 37 (23): 18433-18445.

[150] YUAN J, LV X R, SUNDEN B, et al. Analysis of parameter effects on transport phenomena in conjunction with chemical reactions in ducts relevant for methane reformers [J]. International Journal of Hydrogen Energy, 2007, 32 (16): 3887-3898.

[151] YANG X, DA J, YU H, et al. Characterization and performance evaluation of Ni-based catalysts with Ce promoter for methane and hydrocarbons steam reforming process [J]. Fuel, 2016, 179: 353-361.

[152] 李培俊, 曹军, 王元华, 等. 甲烷水蒸气重整制氢反应及其影响因素的数值分析 [J]. 化工进展, 2015, 34 (6): 1588-1594.

[153] WANG J Y, WEI S, WANG Q, et al. Transient numerical modeling and model predictive control of an industrial-scale steam methane reforming reactor [J]. International Journal of Hydrogen Energy, 2021, 46 (29): 15241-15256.

[154] TARIQ R, MAQBOOL F, ABBAS S Z. Small-scale production of hydrogen via auto-thermal reforming in an adiabatic packed bed reactor: Parametric study and reactor's optimization through response surface methodology [J]. Computers & Chemical Engineering, 2021, 145: 107192.

[155] 闫子文. 以高炉渣为热载体的生物油蒸汽重整制氢研究 [D]. 沈阳: 东北大学, 2018.

[156] ZHANG H, SHUAI Y, PAN S J, et al. Numerical investigation of carbon deposition behavior in Ni/Al_2O_3-based catalyst porous-filled solar thermochemical reactor for the dry reforming of methane process [J]. Industrial & Engineering Chemistry Research, 2019, 58 (34): 15701-15711.

[157] ZHAI X L, DING S, CHENG Y H, et al. CFD Simulation with detailed chemistry of steam reforming of methane for hydrogen production in an integrated micro-reactor [J]. Hydrogen Energy, 2010, 35: 5383-5392.

[158] ZHAI X L, CHENG Y H, ZHANG Z T, et al. Steam reforming of methane over Ni catalyst in micro channel reactor [J]. Hydrogen Energy, 2011, 36: 7105-7113.

[159] WANG F Q, JING L, CHENG Z M, et al. Combination of thermodynamic analysis and regression analysis for steam and dry methane reforming [J]. International Journal of Hydrogen Energy, 2019, 44 (30): 15795-15810.

[160] 张杰. 膜反应器中甲烷催化重整制氢特性研究 [D]. 重庆: 重庆大学, 2013.

[161] 洪东峰. 基于响应面方法的聚丙烯流程模拟与优化 [D]. 北京: 北京理工大学, 2013.

[162] WANG J D, YANG Y R. Study on optimal strategy of grade transition in industrial fluidized bed gas-phase polyethylene production process [J]. Chinese Journal of Chemical Engineering, 2003 (1): 5-12.

[163] AYODELE B V, GHAZALI A A, YASSIN M Y M, et al. Optimization of hydrogen production by photocatalytic steam methane reforming over lanthanum modified Titanium (Ⅳ) oxide using response surface methodology [J]. International Journal of Hydrogen Energy, 2019, 44 (37): 20700-20710.

[164] ASFARAM A, SADEGHI H, GOUDARZI A, et al. Ultrasound combined with manganese-oxide nanoparticles loaded on activated carbon for extraction and preconcentration of thymol and carvacrol in methanolic extracts of Thymus daenensis, Salvia officinalis, Stachys pilifera, Satureja khuzistanica, and mentha, and water samples [J]. Analyst, 2019, 144 (6): 1923-1934.

[165] HOSSAIN M S, RAHIM N A, AMAN M M, et al. Application of ANOVA method to study solar energy for hydrogen production [J]. Hydrogen Energy, 2019, 44 (29): 14571-14579.

[166] LI L, LIN J, WU N, et al. Review and outlook on the international renewable energy development [J]. Energy and Built Environment, 2022, 3 (2): 139-157.

[167] 王恒. 氢能发展模式应用 [J]. 农村电气化, 2021, 5: 65-69.

[168] 叶召阳. 浅谈氢能技术和应用 [J]. 中国新技术新产品, 2020, 1: 29-30.

[169] 徐硕, 余碧莹. 中国氢能技术发展现状与未来展望 [J]. 北京理工大学学报 (社会科学版), 2021, 23 (6): 1-12.

[170] 吴素芳. 氢能与制氢技术 [M]. 杭州: 浙江大学出版社, 2014.

[171] 刘贵洲, 窦立荣, 黄永章, 等. 氢能利用的瓶颈分析与前景展望 [J]. 天然气与石油, 2021, 39 (3): 1-9.

[172] DUAN W, YU Q, WU T, et al. Experimental study on steam gasification of coal using molten blast furnace slag as heat carrier for producing hydrogen-enriched syngas [J]. Energy Conversion and Management, 2016, 117: 513-519.

[173] HESENOV A, MERYEMOĞLU B, IÇTEN O. Electrolysis of coal slurries to produce hydrogen gas: Effects of different factors on hydrogen yield [J]. International Journal of Hydrogen Energy, 2011, 36 (19): 12249-12258.

[174] SONG H, LIU Y, BIAN H, et al. Energy, environment, and economic analyses on a novel hydrogen production method by electrified steam methane reforming with renewable energy accommodation [J]. Energy Conversion and Management, 2022, 258: 115513.

[175] RADICA G, TOLJ I, MARKOTA D, et al. Control strategy of a fuel-cell powermodule for electric forklift [J]. International Journal of Hydrogen Energy, 2021, 46 (72): 35938-35948.

[176] ZHENG Y, CHEN Z, ZHANG J. Solid oxide electrolysis of H_2O and CO_2 to produce hydrogen and low-carbon fuels [J]. Electrochemical Energy Reviews, 2021, 4: 508-517.

[177] CHAKIK F E, KADDAMI M, MIKOU M. Effect of operating parameters on hydrogen production by electrolysis of water [J]. International Journal of Hydrogen Energy, 2017, 42 (40): 25550-25557.

[178] DAMLE A S. Hydrogen production by reforming of liquid hydrocarbons in a membrane reactor for portable power generation-Experimental studies [J]. Journal of Power Sources, 2009, 186 (1): 167-177.

[179] KANG I, BAE J, BAE G. Performance comparison of autothermal reforming for liquid hydrocarbons, gasoline and diesel for fuel cell applications [J]. Journal of Power Sources,

2006, 163（1）: 538-546.

[180] NIKOLAIDIS P, POULLIKKAS A. A comparative overview of hydrogen production processes [J]. Renewable Sustainable Energy Reviews, 2017, 67: 597-611.

[181] AZANCOT L, BOBADILLA L F, SANTOS J L, et al. Influence of the preparation method in the metal-support interaction and reducibility of Ni-Mg-Al based catalysts for methane steam reforming [J]. International Journal of Hydrogen Energy, 2019, 44（36）: 19827-19840.

[182] ZENG W, LI L, SONG M, et al. The effect of different atmosphere treatments on the performance of Ni/Nb-Al$_2$O$_3$ catalysts for methane steam reforming [J]. International Journal of Hydrogen Energy, 2023, 48（16）: 6358-6369.

[183] 洪学斌. Ni 金属催化剂催化甲烷部分氧化制合成气的研究 [D]. 天津: 天津大学, 2009.

[184] ALRASHED F, ZAHID U. Comparative analysis of conventional steam methane reforming and PdAu membrane reactor for the hydrogen production [J]. Computers and Chemical Engineering, 2021, 154: 107497.

[185] LEE H, KIM A, LEE B, et al. Comparative numerical analysis for an efficient hydrogen production via a steam methane reforming with a packed-bed reactor, a membrane reactor, and a sorption-enhanced membrane reactor [J]. Energy Conversion and Management, 2020, 213: 112839.

[186] NENI A, BENGUERBA Y, BALSAMO M, et al. Numerical study of sorption-enhanced methane steam reforming over Ni/Al$_2$O$_3$ catalyst in a fixed-bed reactor [J]. International Journal of Heat and Mass Transfer, 2021, 165: 120635.

[187] HABIBI B, POURFAYAZ F, MEHRPOOYA M, et al. A natural gas-based eco-friendly polygeneration system including gas turbine, sorption-enhanced steam methane reforming, absorption chiller and flue gas CO$_2$ capture unit [J]. Sustainable Energy Technologies and Assessments, 2022, 52: 101984.

[188] CHERIF A, NEBBALI R, SHEFFIELD J W, et al. Numerical investigation of hydrogen production via autothermal reforming of steam and methane over Ni/Al$_2$O$_3$ and Pt/Al$_2$O$_3$ patterned catalytic layers [J]. International Journal of Hydrogen Energy, 2021, 46（75）: 37521-37532.

[189] ALLEN D W, GERHARD E R, LIKINS M R. Kinetics of the methane-steam reaction [J]. Industrial and Engineering Chemistry Research, 1975, 14（3）: 256-259.

[190] XU J, FROMENT G. Methane steam reforming, methanation and water-gas shift: I. Intrinsic kinetics [J]. Aiche Journal, 1989, 35（1）: 88-96.

[191] SOLIMAN M A, ADRIS A M, et al. Intrinsic kinetics of nickel/calcium aluminate catalyst for methane steam reforming [J]. Journal of Chemical Technology and Biotechnology, 1992, 55（2）: 131-138.

[192] HOU K, HUGHES R. The kinetics of methane steam reforming over a Ni/α-Al$_2$O catalyst [J]. Chemical Engineering Journal, 2001, 82（1）: 311-328.

［193］ BENGAARD H S, NØRSKOV J K, SEHESTED J, et al. Steam reforming and graphite formation on Ni catalysts ［J］. Journal of Catalysis, 2002, 209 (2): 365-384.

［194］ WEI J, IGLESIA E. Isotopic and kinetic assessment of the mechanism of reactions of CH_4 with CO_2 or H_2O to form synthesis gas and carbon on nickel catalysts ［J］. Journal of Catalysis, 2004, 224 (2): 370-383.

［195］ AVETISOV A K, ROSTRUP-NIELSEN J R, KUCHAEV V L, et al. Steady-state kinetics and mechanism of methane reforming with steam and carbon dioxide over Ni catalyst ［J］. Journal of Molecular Catalysis A: Chemical, 2010, 315 (2): 155-162.

［196］ ZHENG H, LIU Q. Kinetic study of nonequilibrium plasma-assisted methane steam reforming ［J］. Mathematical Problems in Engineering, 2014, 2014, 1-10.

［197］ KUMAR N, SHOJAEE M, SPIVEY J. Catalytic bi-reforming of methane: From greenhouse gases to syngas ［J］. Current Opinion in Chemical Engineering, 2015, 9: 8-15.

［198］ VOGT C, KRANENBORG J, MONAI M, et al. Structure sensitivity in steam and dry methane reforming over nickel: Activity and carbon formation ［J］. ACS Catalysis, 2019, 10 (2): 1428-1438.

［199］ WANG B, CHENG Y, WANG C, et al. Steam reforming of methane in a gliding arc discharge reactor to produce hydrogen and its chemical kinetics study ［J］. Chemical Engineering Science, 2022, 253: 117560.

［200］ UNRUEAN P, PLIANWONG T, PRUKSAWAN S, et al. Kinetic monte-carlo simulation of methane steam reforming over a nickel surface ［J］. Catalysts, 2019, 9 (11): 946.

［201］ YANG W, WANG Z, TAN W, et al. First principles study on methane reforming over Ni/TiO_2 (110) surface in solid oxide fuel cells under dry and wet atmospheres ［J］. Science China-Materials, 2020, 63 (3): 364-374.

［202］ WANG F, LI Y, WANG Y, et al. Mechanism insights into sorption enhanced methane steam reforming using Ni-doped CaO for H_2 production by DFT study ［J］. Fuel, 2022, 319: 123849.

［203］ FLORENT M, MICHAEL L P, DEAN M, et al. Intrinsic kinetics of steam methane reforming on a thin, nanostructured and adherent Ni coating ［J］. Applied Catalysis B: Environmental, 2018, 238: 184-197.

［204］ LIU J A. Kinetics, catalysis and mechanism of methane steam reforming ［D］. Worcester City: WPI Chemical Engineering Department, 2006.

［205］ NIU J, WANG Y, QI Y, et al. New mechanism insights into methane steam reforming on Pt/Ni from DFT and experimental kinetic study ［J］. Fuel, 2020, 266: 117143.

［206］ HECHT E S, GUPTA G K, ZHU H, et al. Methane reforming kinetics within a Ni-YSZ SOFC anode support ［J］. Applied Catalysis A: General, 2005, 295 (1): 40-51.

［207］ MAIER L, SCHDEL B, DELGADO K H, et al. Steam reforming of methane over nickel: Development of a multi-step surface reaction mechanism ［J］. Topics in Catalysis, 2011, 54 (13): 845-858.

[208] ALEXANDROS T S, GALVITA V V, HILDE P, et al. Mechanism of carbon deposits removal from supported Ni catalysts [J]. Applied Catalysis B: Environmental, 2018, 239: 502-512.

[209] DELGADO K H, MAIER L, TISCHER S, et al. Surface reaction kinetics of steam-and CO_2-reforming as well as oxidation of methane over nickel-based catalysts [J]. Catalysts, 2015, 5 (2): 871-904.

[210] SAGAR V T, PINTAR A. Enhanced surface properties of CeO_2 by MnO_x doping and their role in mechanism of methane dry reforming deduced by means of in-situ DRIFTS [J]. Applied Catalysis A: General, 2020, 599: 117603.

[211] SUMMA P, SAMOJEDEN B, MOTAK M. Dry and steam reforming of methane. Comparison and analysis of recently investigated catalytic materials. A short review [J]. Polish Journal of Chemical Technology, 2019, 21 (2): 31-37.

[212] DJINOVIĆ P, ČRNIVEC I G O, ERJAVEC B, et al. Influence of active metal loading and oxygen mobility on coke-free dry reforming of Ni-Co bimetallic catalysts [J]. Applied Catalysis B: Environmental, 2012, 125: 259-270.

[213] 齐飞, 李玉阳, 苑文浩, 等. 燃烧反应动力学 [M]. 北京: 科学出版社, 2021.

[214] LARSON R S. PLUG: A FORTRAN program for the analysis of PLUG flow reactors with gas-phase and surface chemistry [R/OL]. Office of Scientific and Technical Information Technical Reports, 1996. https://doi.org/10.2172/204257.

[215] 黄可可, 黄思静, 佟宏鹏, 等. 长石溶解过程的热力学计算及其在碎屑岩储层研究中的意义 [J]. 地质通报, 2009, 28 (4): 474-482.

[216] YUN J, YU S. Transient behavior of 5 kW class shell-and-tube methane steam reformer with intermediate temperature heat source [J]. International Journal of Heat and Mass Transfer, 2019, 134: 600-609.

[217] LI D, NAKAGAWA Y, TOMISHIGE K. Methane reforming to synthesis gas over Ni catalysts modified with noble metals [J]. Applied Catalysis A: General, 2011, 408 (1/2): 1-24.

[218] ANGELI S D, MONTELEONE G, GIACONIA A, et al. State-of-the-art catalysts for CH_4 steam reforming at low temperature [J]. International Journal of Hydrogen Energy, 2014, 39 (5): 1979-1997.

[219] 孙阳. 基于高温热管的甲烷重整制氢反应器研制 [D]. 大连: 大连理工大学, 2018.

[220] 陈洁. 正丁醇/汽油多组分表征燃料化学反应机理研究 [D]. 镇江: 江苏大学, 2021.

[221] LI M, REN T, SUN Y. Analysis of reaction path and different lumped kinetic models for asphaltene hydrocracking [J]. Fuel, 2022, 325: 124840.

[222] BABU P S S, VAIDYA P D. Sorption-enhanced steam methane reforming over Ni/Al_2O_3/ $KNaTiO_3$ bifunctional material [J]. Journal of the Indian Chemical Society, 2022, 99 (5): 100430.

[223] 刘振廷. 微引燃柴油/天然气双燃料发动机化学反应动力学机理与燃烧特性研究 [D]. 哈尔滨: 哈尔滨工程大学, 2021.

[224] SIERADZKA M, RAJCA P, ZAJEMSKA M, et al. Prediction of gaseous products from refuse

derived fuel pyrolysis using chemical modelling software-Ansys Chemkin-Pro [J]. Journal of Cleaner Production, 2020, 248: 119277.

[225] LOUGOU B G, HONG J, SHUAI Y, et al. Production mechanism analysis of H_2 and CO via solar thermochemical cycles based on iron oxide (Fe_3O_4) at high temperature [J]. Solar Energy, 2017, 148: 117-127.

[226] 苟小龙, 孙文廷, 陈正. 燃烧数值模拟中的复杂化学反应机理处理方法 [J]. 中国科学: 物理学　力学　天文学, 2017, 47 (7): 62-78.

[227] MILLER J A, KEE R J, WESTBROOK C K. Chemical kinetics and combustion modeling [J]. Annual Review of Physical Chemistry, 1990, 41 (1): 345-387.

[228] CHENG X. Development of reduced reaction kinetics and fuel physical properties models for in-cylinder simulation of biodiesel combustion [D]. Nottingham: University of Nottingham, 2016.

[229] CHENG X, NG H K, GAN S, et al. Advances in Computational fluid dynamics (CFD) modeling of in-cylinder biodiesel combustion [J]. Energy and Fuels, 2013, 27 (8): 4489-4506.

[230] LIU X, WANG Y, BAI Y, et al. Development of reduced and optimized mechanism for ammonia/hydrogen mixture based on genetic algorithm [J]. Energy, 2023, 270: 126927.

[231] ZANDIE M, NG H K, GAN S, et al. Development of a reduced multi-component chemical kinetic mechanism for the combustion modelling of diesel-biodiesel-gasoline mixtures [J]. Transportation Engineering, 2022, 7: 100101.

[232] LU T, LAW C K. A directed relation graph method for mechanism reduction [J]. Proceedings of the Combustion Institute, 2005, 30 (1): 1333-1341.

[233] 肖权, 李法社, 倪梓皓, 等. 生物柴油替代物高温燃烧机理 [J]. 石油学报 (石油加工), 2022, 38 (1): 85-93.

[234] SUN W, CHEN Z, GOU X, et al. A path flux analysis method for the reduction of detailed chemical kinetic mechanisms [J]. Combustion and Flame, 2010, 157 (7): 1298-1307.

[235] LI R, KONNOV A A, HE G, et al. Chemical mechanism development and reduction for combustion of $NH_3/H_2/CH_4$ mixtures [J]. Fuel, 2019, 257: 116059.

[236] 陈林林. 微尺度燃烧条件下常用碳氢燃料反应机理的简化 [D]. 镇江: 江苏大学, 2016.

[237] NIEMEYER K E, SUNG C J. Mechanism reduction for multicomponent surrogates: A case study using toluene reference fuels [J]. Combustion and Flame, 2014, 161 (11): 2752-2764.